# LAS AVENTURAS DE "COSMET" explicadas a los más jóvenes (1) PERMITIDME QUE ME PRESENTE

Eduard Alabern Valentí

**LAS AVENTURAS DE "COSMET" explicadas a los más jóvenes (1) PERMITIDME QUE ME PRESENTE**
Eduard Alabern Valentí

Diseño de la cubierta: Equipo de diseño de Universo de Letras
Imagen de cubierta: ©Shutterstock.com

Obra publicada por el sello Universo de Letras
www.universodeletras.com

Primera edición: 2025

ISBN: 9788410461161
ISBN eBook: 9788410462540

# Eduard Alabern Valentí

# LAS AVENTURAS DE

# "COSMET"

## explicadas a los más jóvenes (1)

## PERMITIDME QUE ME PRESENTE

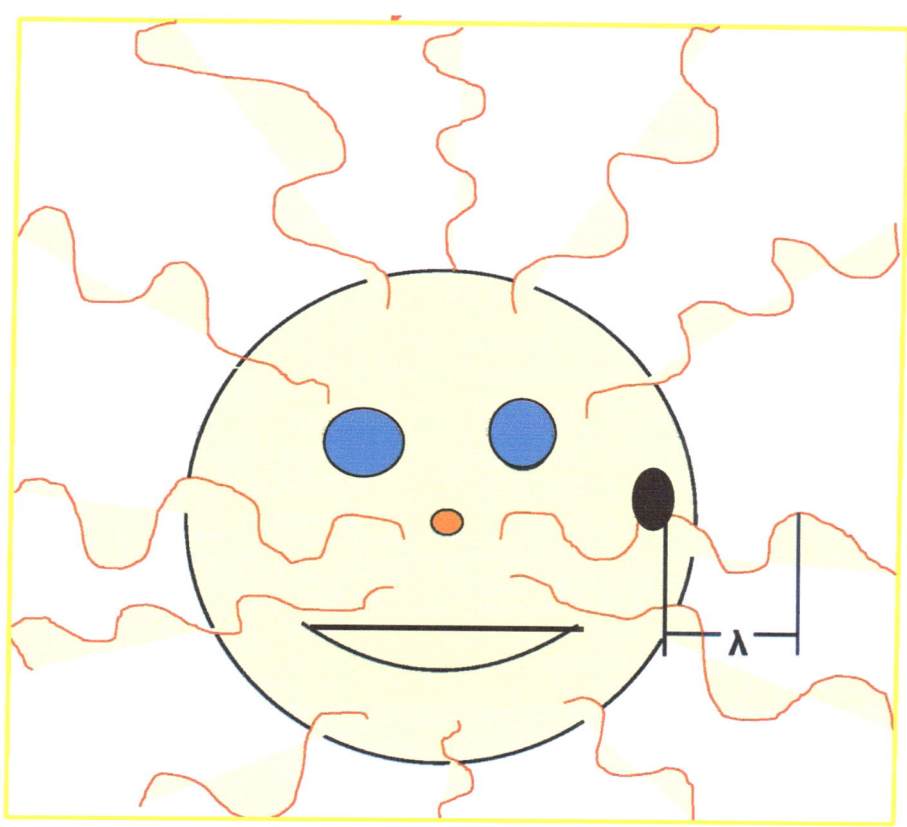

Me llamo Cosmet y soy muy viejo, ya que nací ahora ya hace 13.700 millones de años

# Eduard Alabern Valentí

# LAS AVENTURAS DE

# "COSMET"

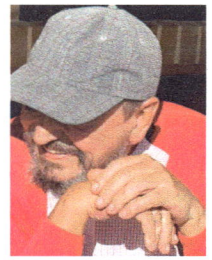

En este mismo año y con motivo de la plaga del coronavirus, he estado recluido junto con unos centenares de personas más durante dos semanas, en un lugar solitario rodeado de montañas.

Para entretenernos, Cosmet ha tenido la gentileza de contarnos sus aventuras y todo lo que ha podido ver durante su muy larga vida. Algo parecido a lo que hizo un señor llamado Boccaccio hace ya muchos años, cuando Europa se vio azotada por la peste negra. Leyó a sus compañeros, también recluidos, los cuentos del Decamerón. Ahora, lo que os explica Cosmet son lo que yo he denominado cuentos cosmológicos.

Yo soy solamente el amigo ingeniero de Cosmet y me he limitado, simplemente, a transcribirlos.

Cosmet que ya es muy mayor, pues ya ha cumplido los 13.700 millones de años, ha viajado por todo el universo y nos cuenta todas las cosas que han ido ocurriendo durante su larga vida. Nunca consiguió entender por qué sucedían, hasta que en los últimos 2.500 años, ha ido conociendo a los humanos más sabios que se lo han ido explicando.

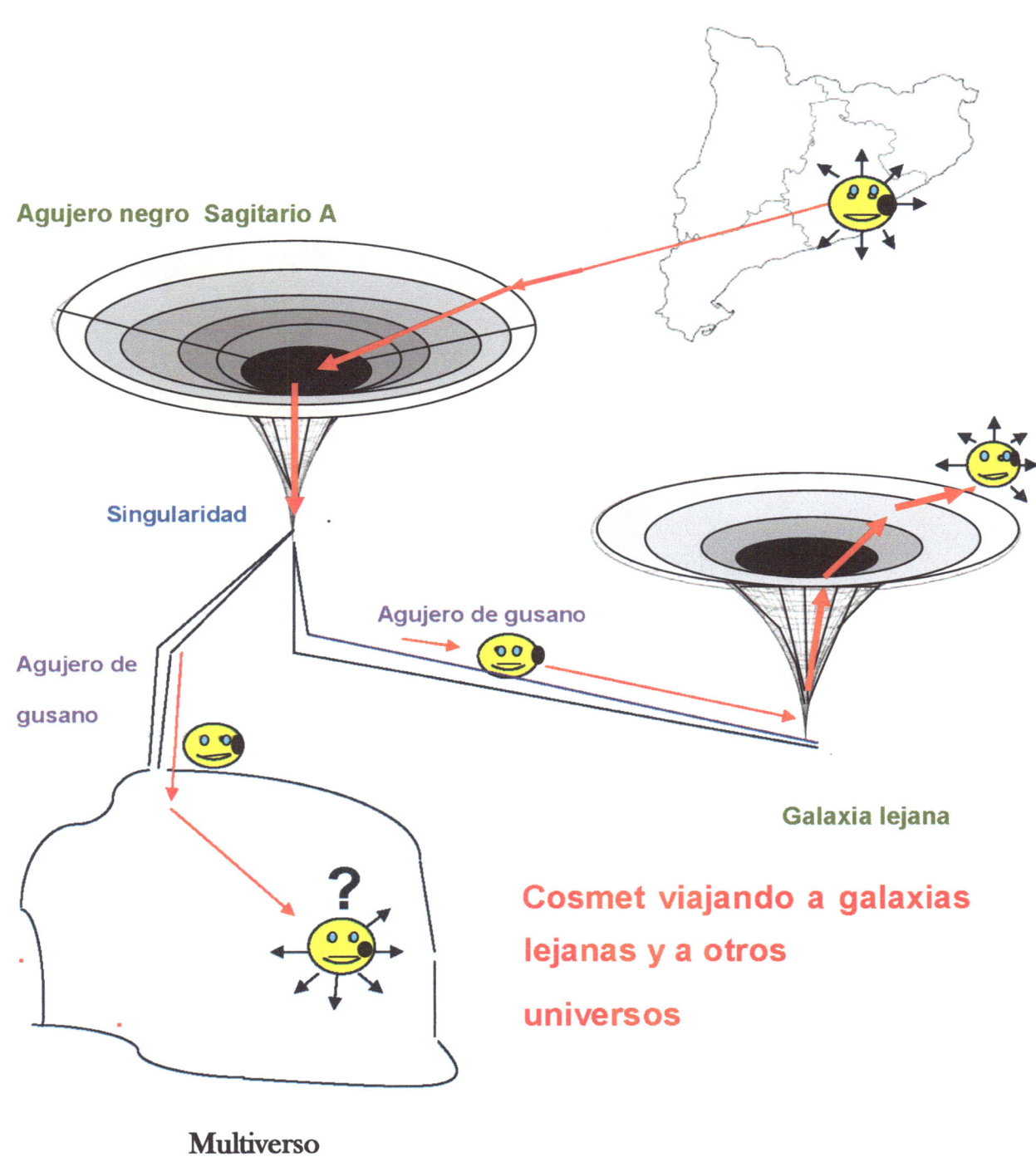

Agujero negro Sagitario A

Singularidad

Agujero de gusano

Agujero de gusano

Galaxia lejana

Multiverso

Cosmet viajando a galaxias lejanas y a otros universos

# Agradecimientos

En primer lugar, a mi amigo Cosmet por habernos amenizado nuestros días de confinamiento. También a mi muy querida esposa Imma Junyent que, por cierto, se ha hecho también muy amiga de Cosmet. En diversas ocasiones este ha emprendido viajes a través del tiempo para ir a verla directamente cuando de joven, siendo bailarina solista del Gran Teatro del Liceo de Barcelona, ejecutaba sus « *fouettés* ».

A mis hijas, a mi buen amigo Carles Diaz, arquitecto con un excepcional sentido crítico, y a los demás amigos que, tras leer los cuentos de Cosmet, con sus muy acertadas observaciones, han permitido mejorar la exposición.

A todos ellos, muchas gracias.

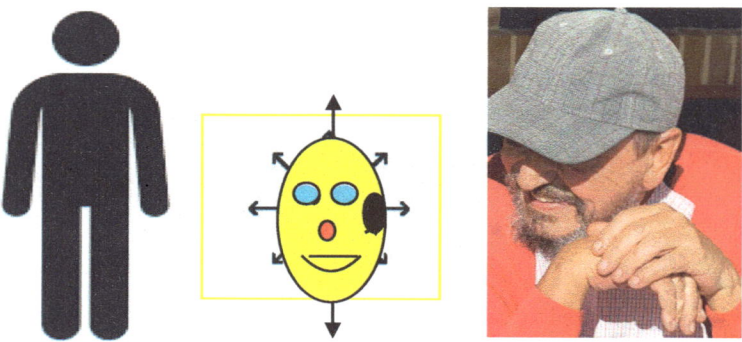

Fotografía realizada por mi buen amigo y compañero Ramon Juanola. Cosmet explicando sus aventuras.

Cosmet explicando su vida a sus compañeros de confinamiento

# LAS AVENTURAS DE COSMET EXPLICADAS A LOS MÁS JÓVENES

## Primer día de confinamiento

## YO SOY COSMET

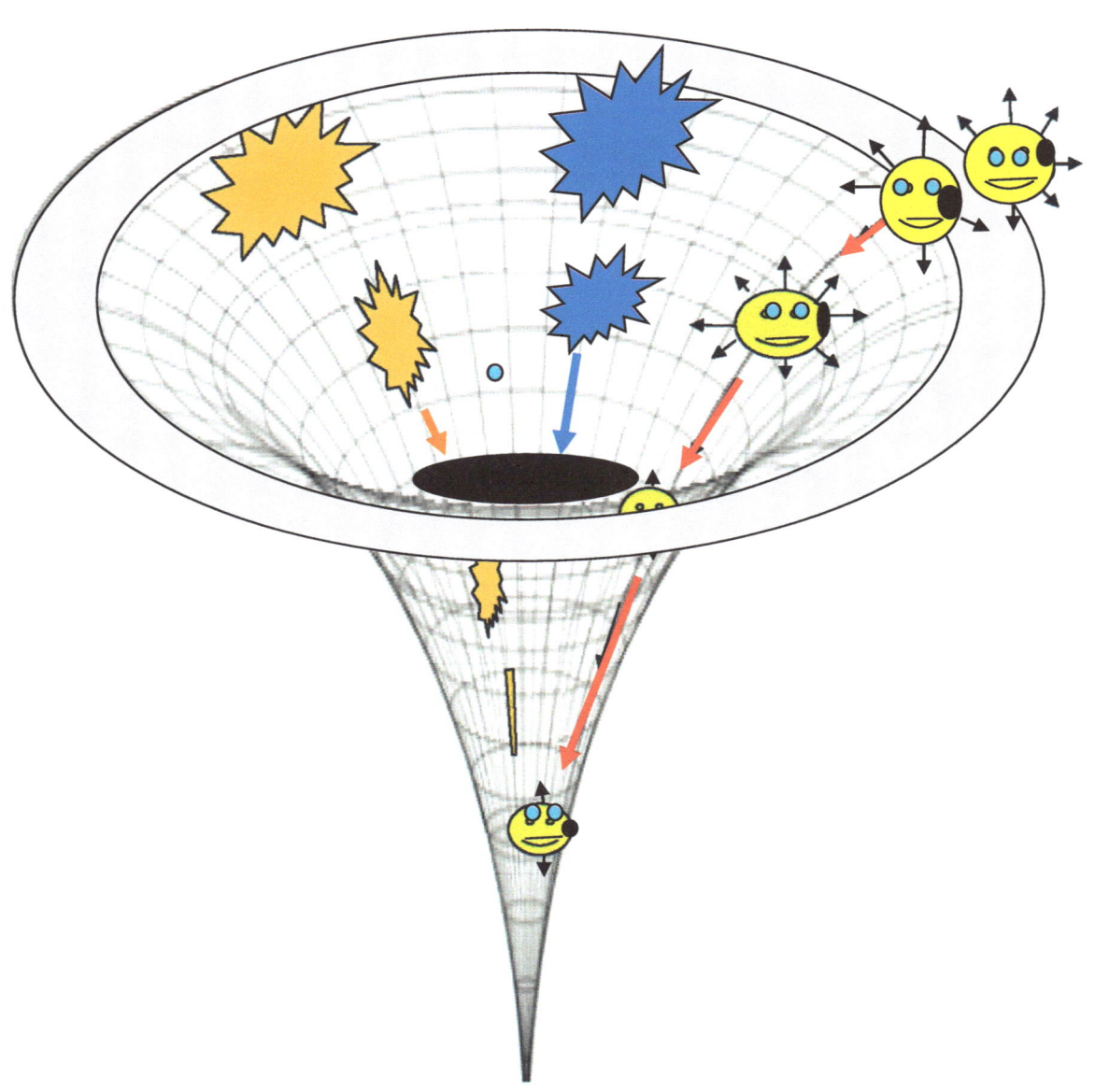

Cosmet cayendo en un agujero negro

# LAS AVENTURAS DE COSMET EXPLICADAS POR ÉL MISMO

## Primer día de confinamiento

## 1. Yo soy Cosmet

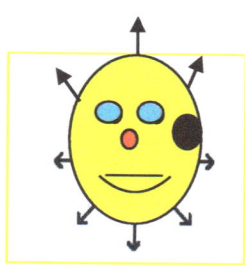

Me llamo Cosmet y soy muy viejo, ya que nací ahora ya hace 13.700 millones de años

En aquel momento mis padres todavía no existían de forma real como tales.

Existían únicamente todas sus partículas elementales que muchos años más tarde, mucho después de formarse la Tierra, se unieron entre ellas adoptando el aspecto de los seres humanos que ahora conocemos. Ya desde el primer instante, entre sus muchas partículas elementales, se apreciaban las de tipo inmaterial que siempre han constituido tanto sus pensamientos como sus sentimientos.

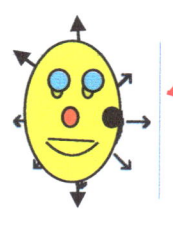

En el mismo momento en que nací, mis padres vieron enseguida que yo tenía unos poderes extraordinarios.

Lo primero que les sorprendió fue que yo no tenía masa ni peso, y que podía viajar muy rápido; tanto como me pareciera

Pensaron que era como los *fotones*, que son las partículas sin masa que se están moviendo siempre a la velocidad de la luz, que hoy día se sabe que es de 300.000

kilómetros por segundo. Pero lo mío era mucho más, dado que yo podía viajar mucho más rápido y a cualquier velocidad.

Por otra parte, vieron enseguida que yo era como una partícula elemental de las que ahora se llaman *partículas cuánticas*, con todos sus atributos.

Como tal, yo tenía una doble naturaleza. A la vez, yo era como una partícula que se encuentra localizada en un lugar determinado y también como una onda que ocupaba la totalidad del espacio. Cuando no me miraban, me encontraba simultáneamente en todas partes

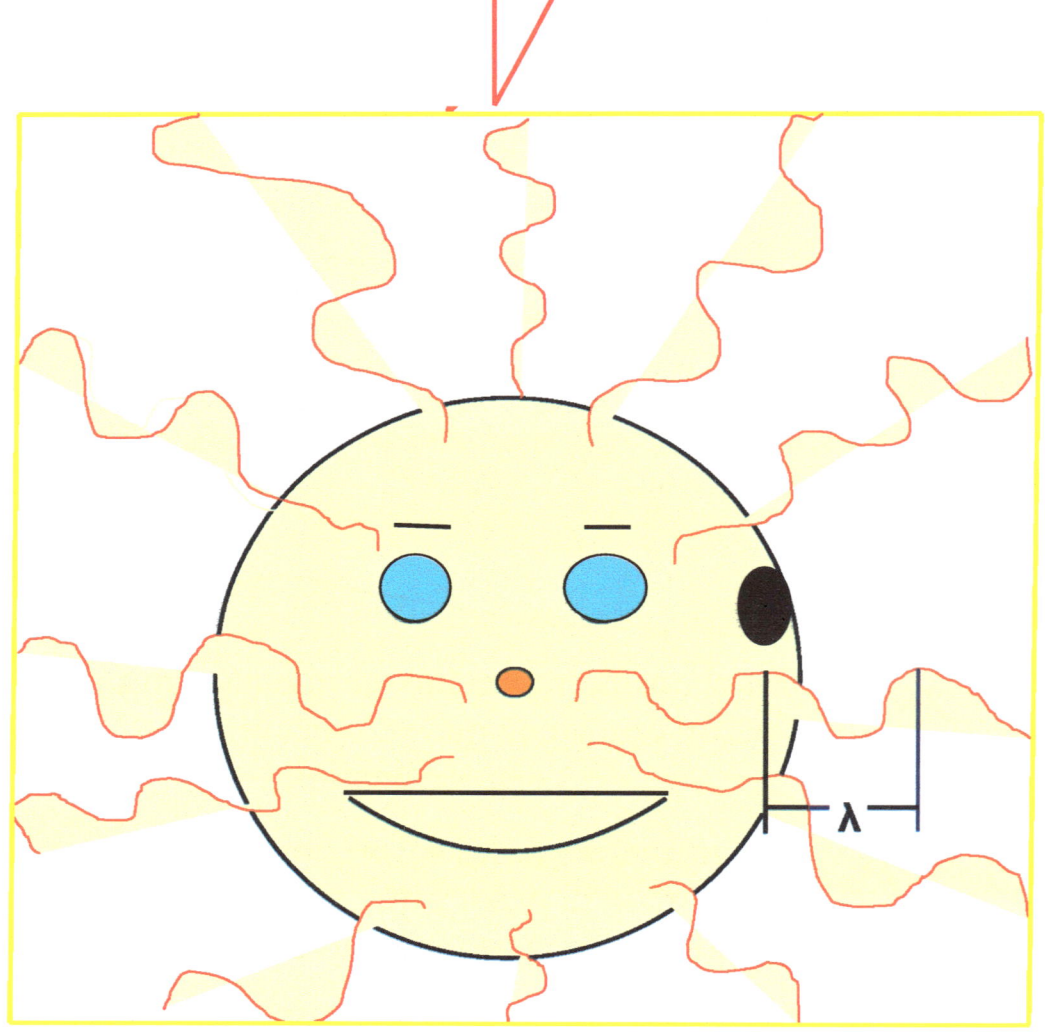

**Longitud de onda λ**

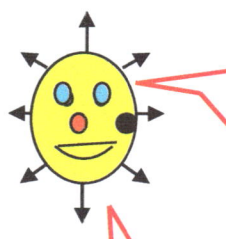

Como onda que era, tenía una longitud de onda que es la que ahora los sabios designan por la letra griega λ

También tenía una frecuencia f, que es el número de oscilaciones que daba en cada segundo

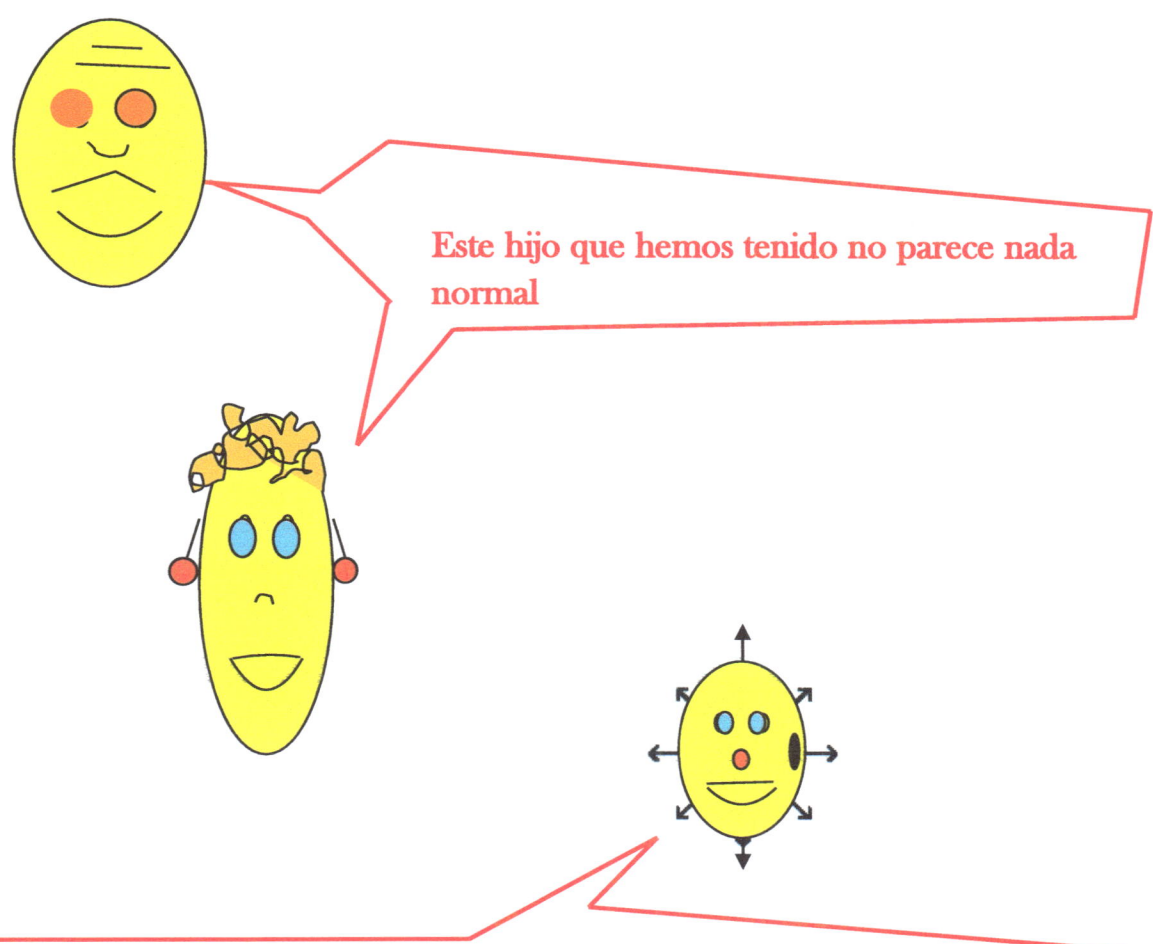

Este hijo que hemos tenido no parece nada normal

Es que yo tenía también poderes de muchos otros tipos, como, por ejemplo, la capacidad de transformarme en cualquier cosa por grande que esta fuera. Muchos años más tarde, eso me ha permitido adoptar muy diversos aspectos e incluso, ya de muy mayor, la forma de los seres humanos que ahora conocemos, y poder actuar como ellos

Quizás fue pensando en todos esos poderes excepcionales de tipo cósmico que yo tenía que mis padres me pusieron de nombre Cosmet.

Dados estos poderes excepcionales de tipo cósmico que tiene este chico, le pondremos de nombre Cosmet

Efectivamente, mis poderes eran y todavía son excepcionales, pero de eso no me di cuenta hasta no hace mucho tiempo. Fue hace poco más de un millón de años cuando en el planeta Tierra empezaron a formarse seres humanos por simple agrupamiento de sus partículas materiales e inmateriales, las cuales ya existían desde siempre.

Por comparación con todos ellos, vi que siempre había sido, y que era todavía, un hombrecillo excepcional, con cualidades y capacidades para hacer todo tipo de cosas muy superiores a las del resto de los hombres y mujeres que han existido desde que hace aproximadamente un millón de años empezaron a formarse. Por este motivo, en todos los cuentos que ahora os explicaré, yo seré siempre Cosmet y todo lo demás los «seres normales», tanto si se trata de personas, de cosas o simplemente de partículas.

A pesar de lo que os he dicho, también quiero que sepáis que mi inteligencia no era, ni nunca ha sido, superior a la media de los hombres y mujeres normales de hoy día.

Por este motivo, durante mi muy larga vida, he tenido ocasión de ver todo lo que ha ido ocurriendo. Sin embargo, sin entender nada de por qué ocurría

Esto solo lo he podido ir comprendiendo a lo largo de los últimos dos mil quinientos años de mi vida, cuando he contactado con hombres y mujeres de los normales con una inteligencia muy superior a la mía, quienes se habían dedicado a estudiar e investigar muchas de estas cosas.

También observé que, para poder seguir sus razonamientos, necesitaba conocer la física y las matemáticas, por lo que me puse a estudiarlas duro. Por otra parte, cabe deciros que he disfrutado de una gran ventaja, pues, en los últimos tiempos de mi larga vida, he tenido oportunidad de hablar siempre que he querido con todos los grandes sabios.

Es que yo, aparte de poder viajar a velocidades muy superiores a la de la luz, también tengo la capacidad de poder viajar en el tiempo, de trasladarme casi instantáneamente a cualquier tiempo pasado, y de contactar con cualquiera de los humanos en vida en cada época

De esta manera, he conversado con las personas que más conocimiento han tenido de cada tema relacionado con las cosas que durante mi larga vida había visto, pero no había entendido. Con algunos de ellos llegué incluso a entablar una buena amistad. Este es el caso, por ejemplo, de *Albert Einstein* y de *Max Planck,* quienes, entre muchos otros, son de los que más he aprendido. Por si alguno de vosotros no ha oído hablar de ellos, cosa que dudo, les pido que se presenten

> Me llamo Albert Einstein y me conocen por mi teoría de la relatividad. Nunca imaginé que cambiaría el paradigma de la física del universo

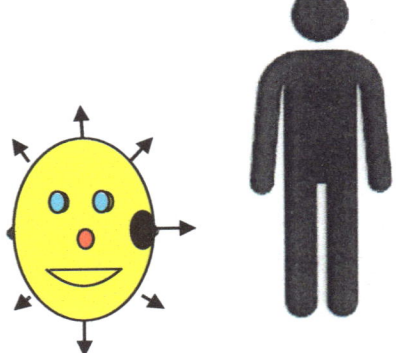  

> Yo me llamo Max Planck y le recuerdo a mi amigo Albert que mis teorías cuánticas también lo han cambiado

Einstein. Imagen de Pixabay / Álbum. gallery/73553. Autor desconocido. 1930.

Max Planck. Wikipedia D.P. https://library.si.edu/imagegallery

Pero, lógicamente, mis contactos con los más sabios se han reducido únicamente a los realizados ya de muy viejo; en concreto, en los últimos 2.500 años de mi vida. Antes de esto y, por tanto, durante casi toda mi larga vida, siempre me he encontrado muy solo y, para entretenerme, me he dedicado a observar todo lo que ha ido existiendo en el universo y cómo este se ha ido comportando.

Siempre me ha gustado conocer todo lo que pasa. He contemplado con atención muchas cosas y de muy diferentes modos, porque mi vista es también muy superior a la de cualquier humano normal como vosotros. Además, tengo otra facultad excepcional. Instantáneamente, puedo graduar mi vista automáticamente y mirar las cosas a la escala que yo quiero.

> Acoplando mi vista a las escalas más pequeñas, puedo contemplar incluso los átomos y las partículas más diminutas que existen

Incluso veo los objetos más pequeños, objetos que miden solamente *0,00000......0000001 metros (con 35 ceros).*

Es lo que resulta de dividir el número uno entre lo que también resulta de multiplicar 35 veces por sí mismo el número diez, y esto es lo que aproximadamente medía el radio del universo cuando yo nací.

> Esta es seguramente la longitud más pequeña que existe, la cual el señor Max Planck y ahora algunos otros sabios han tomado como unidad de medida y es lo que llaman un *cuanto de espacio*

Pienso que tienen razón, pues yo nunca he podido ver nada más pequeño. A lo sumo y dado que mi capacidad de imaginación es también excepcional, solo he vislumbrado sombras muy difuminadas de cosas no existentes de forma real. Esto me ha permitido, siempre, ver el universo a nivel de poder observar las *partículas elementales*, tanto las que se encuentran aisladas como las que constituyen todos los objetos cósmicos.

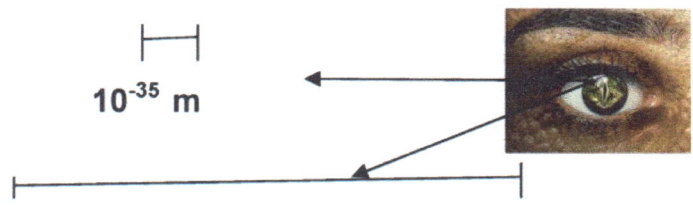

$10^{-35}$ m

10.000 millones de años luz

Por el contrario, si gradúo mi vista a las escalas grandes, observo el universo dividido en grandes regiones cósmicas, pero no puedo divisar las cosas más pequeñas.

También me ha interesado mucho lo que he contemplado a la escala que actualmente los humanos normales expertos en cosmología llaman la gran escala. Es nada menos que la que corresponde a más de *1.000 millones de años luz,* siendo un *año luz* la distancia que recorre un rayo de la misma durante un año.

Cuando observo el universo a esta escala lo distingo casi totalmente homogéneo. Todo lo veo igual en cualquier dirección en la que miro. A esto le llaman ahora *isotropía.* Se trata del *principio cosmológico*, que no es otra cosa que el hecho de que, a gran escala, el universo sea *homogéneo e isótropo*. Así es; cuando observo el universo a escalas normales, como hacéis todos vosotros, todo lo que veo es muy distinto y los valores que toman propiedades como la temperatura, la densidad y muchas otras son muy variables. Sin embargo, a gran escala, todas las porciones del universo que puedo percibir tienen los mismos valores en todas sus propiedades y características.

Durante toda mi extensa vida me ha gustado siempre viajar. Si quisiera explicaros todo lo que he visto y todos los lugares donde he ido, no acabaría nunca. Por tanto, me limitaré a contaros las cosas que más me han impresionado y las conversaciones más interesantes que, ya de muy mayor, he mantenido con los normales más sabios. La verdad es que durante toda mi vida he estado viajando por todo el universo en el que vivimos. He llegado incluso hasta las galaxias más lejanas, viendo estrellas de diferentes colores.

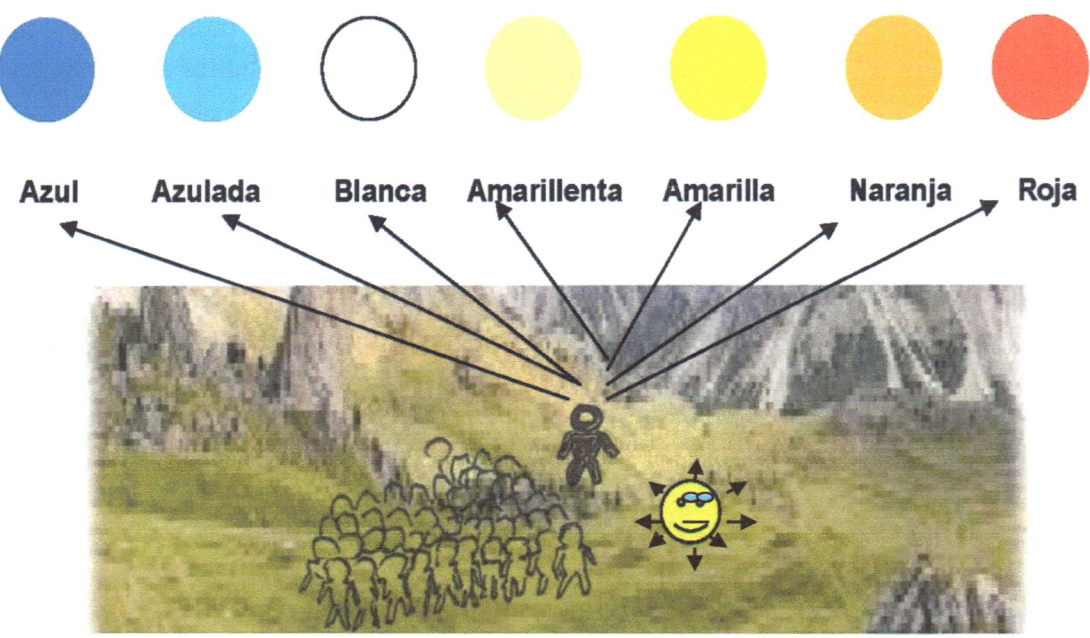

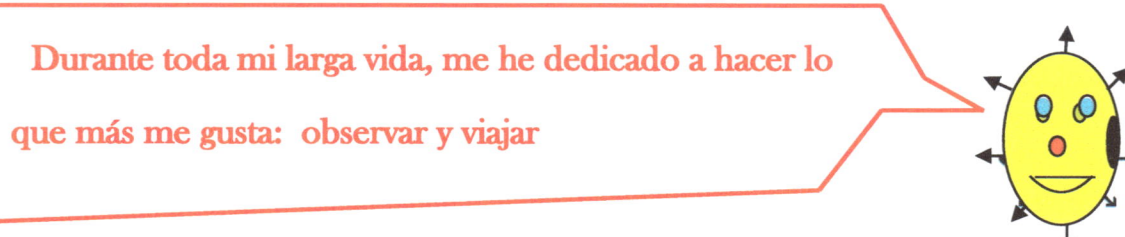

Durante toda mi larga vida, me he dedicado a hacer lo que más me gusta: observar y viajar

Hasta que no tuve unos 9.000 millones de años, me limité a ser una partícula inmersa en el universo, encontrándome muy solo durante todo este tiempo. En mis múltiples viajes, me dediqué básicamente a conocer todos los objetos cósmicos que se fueron formando y su evolución conforme iba transcurriendo el tiempo cósmico.

Mientras no viajo, ya hace mucho tiempo que vivo aquí en el planeta Tierra; concretamente en Barcelona, porque es la ciudad que más me gusta. Además, casi siempre adopto la forma de los humanos normales y hago la misma vida que ellos.

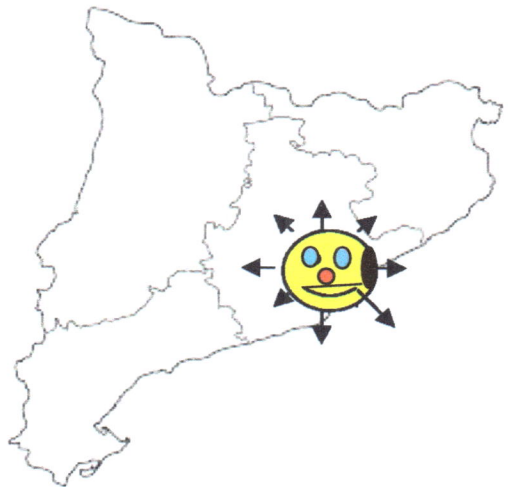

Soy muy reservado y no me ha gustado nunca llamar la atención, ya que si en mis viajes al pasado hubiera hablado de todas las cosas que yo sé, pienso que me habrían tomado por loco e incluso los más fanáticos, que siempre ha habido muchos y de muy diferentes tipos, seguro que se habrían enfadado mucho conmigo.

Considero que muchos de ellos habrían querido encarcelarme o hasta algunos matarme. Esto no me da ningún miedo porque soy indestructible, pero siempre he pensado que no es bueno hacerse enemigos.

Por otra parte, en los contactos que he tenido he escuchado mucho y he hablado muy poco debido a que no me gusta influir en nada ni en nadie. En consecuencia, intento no decir absolutamente nada que pudiera cambiar el curso de la historia.

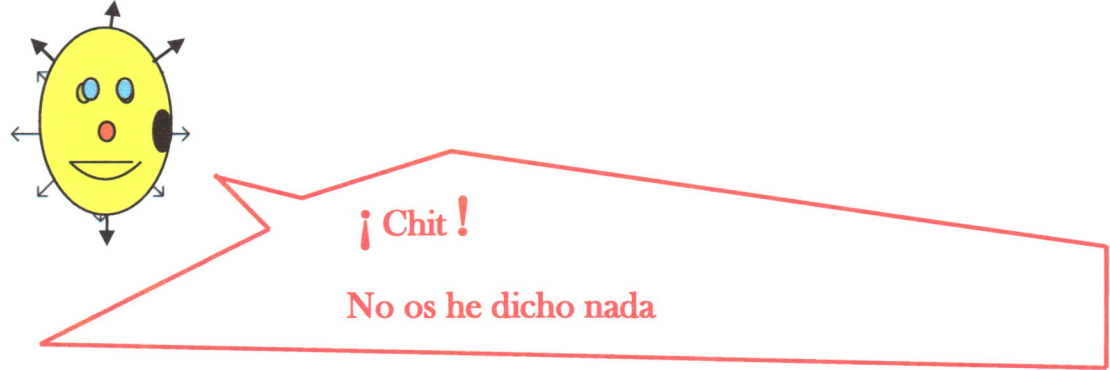

Cuando yo nací, el universo era muy pequeño. Era como un diminuto espacio esférico del que yo, con mi vista excepcional, pude observar que medía solo $10^{-35}$ metros. Es lo que ahora llaman *« longitud de Planck »* y, tal como ya os he comentado, es la menor longitud que muy probablemente existe físicamente. Son 0,00000 ................ 01 metros (con 35 ceros).

Donde yo me encontraba y en cualquier sitio al que me desplazara, en aquel primer momento solamente había muchas partículas inmateriales, pero no como yo mismo, sino que, eran de las normales; de esas que ahora se llaman *fotones*, que no son otra cosa que unos pequeños granitos de lo que llamamos *energía.*

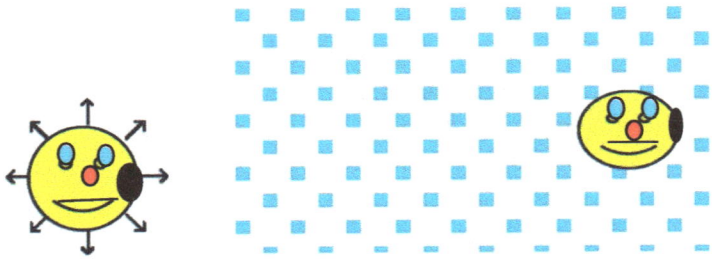

fotones

No eran todos iguales, sino que según la *frecuencia* a la que vibraban, los había de más y de menos energía.

Lo que sí que vi enseguida es que no podían estarse quietos, y que se movían constantemente a la velocidad de la luz. Yo, en cambio, podía ir en cada momento a la velocidad que deseara.

Entonces no entendí nada de todo esto, pero no hace mucho tiempo me lo explicó el propio señor Max Planck en la primera visita que le hice.

Yo era como una de estas partículas, pero con una energía inmensa y, además, con la facultad de poderla trocear tanto como me pareciera. Esto es precisamente lo que me ha permitido siempre transformarme en cualquier cosa. Lo he estado haciendo durante toda mi vida, pero nunca supe cómo, hasta que hace unos pocos años me lo clarificó el señor Albert Einstein.

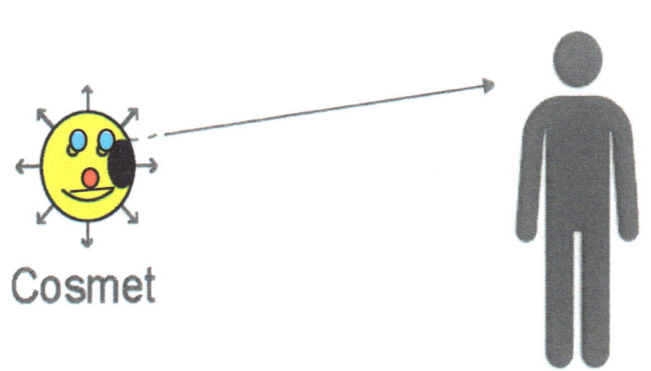

Cosmet

18

Me dijo que todo lo que existe, en el fondo, no es otra cosa que lo que se llama energía y que esta adopta muchas formas, incluso la de cualquier cosa que tenga masa.

Todo lo que existe no es más que energía

Cuando quiero transformarme en cualquier cosa, lo que hago realmente es que a una determinada cantidad de la inmensa energía que yo tengo la transformo en partículas elementales con masa y, dado que poseo además la capacidad de disponerlas y organizarlas tal como me parece, puedo aparecer inmediatamente como cualquier objeto, o incluso, como cualquier ser vivo, desde un animal pequeñísimo a todos los más grandes.

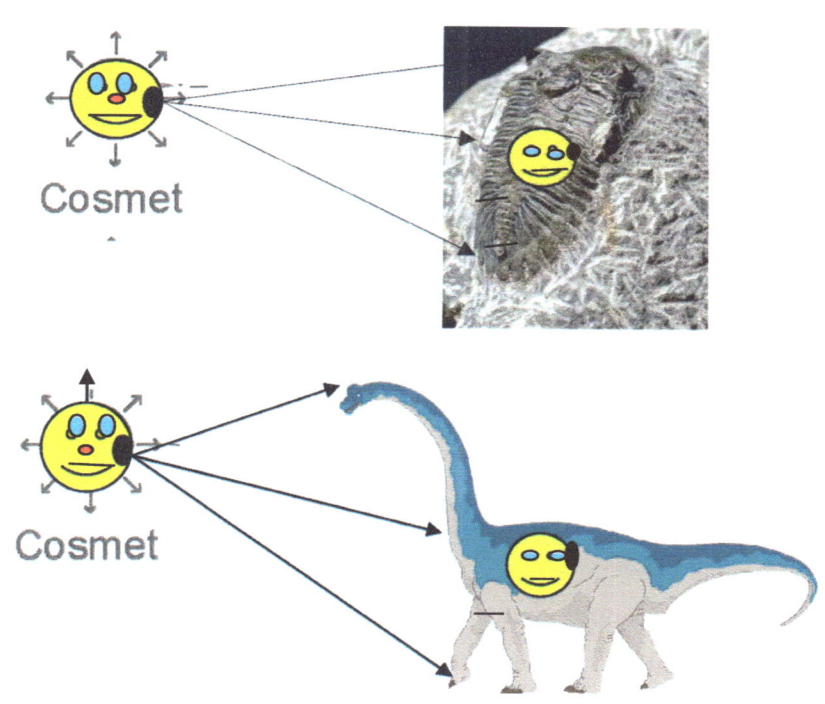

Imágenes de Pixabay / Álbum.   Trilobites y reptiles prehistóricos.

Asimismo, desde que comenzaron a aparecer seres vivos de los tipos más diversos, a menudo, conservando mi personalidad esencial de partícula, he adoptado simultáneamente su aspecto para poder vivir entre ellos y así, conocerlos mejor. La realidad es que, cuando hago esto, mi personalidad se desdobla sin perder mi esencia propia de partícula cuántica. Una parte de mi inmensa energía pasa a ser cualquier cosa de las que existen o han existido, ya sea un objeto inanimado o un ser con vida.

Cuando yo nací, el universo acababa de formarse dentro de lo que ahora se llama el *cosmos.* En todo momento, lo he podido ver como un espacio esférico, al principio muy pequeño y luego mucho más grande, en el que yo me encuentro siempre en su centro. Los humanos normales que se dedican a estudiar estas cosas, para medirlo, utilizan un *año luz* que, tal como ya os he dicho, es la distancia que recorre la luz en un año.

Pues bien, yo veo ahora el universo desde mi casa de Barcelona, como una esfera de unos *46.000 millones de años luz de radio*, en la que solo observo materia hasta una distancia máxima de 33.000, estando el resto ocupado por partículas inmateriales como yo mismo, pero de las normales.

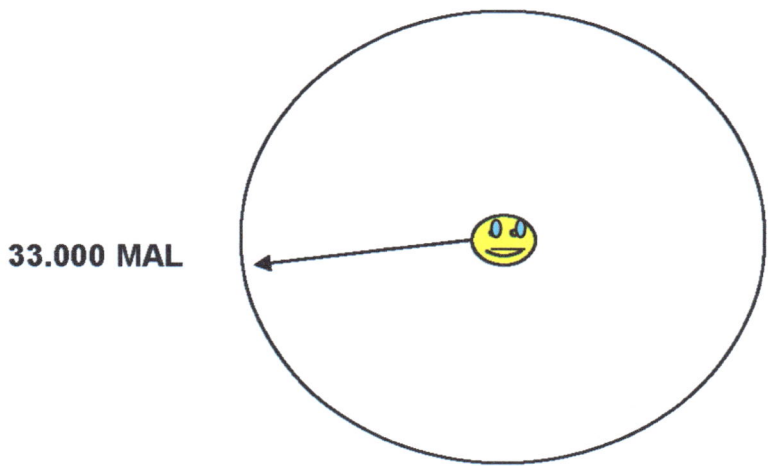

33.000 MAL

Ya os he mencionado que nací hace nada menos que 13.700 millones de años. Lo sé porque los he podido ir contando. Por tanto, los años que tiene el universo son aproximadamente los míos, y a estas edades que yo mismo y el universo hemos ido teniendo en cada momento, las llaman ahora el *tiempo cosmológico* y lo designan como $t_c$. Al momento en que tanto el universo como yo mismo nacimos, el señor Max Planck y otros sabios le han asignado un valor de 0, 00000 ........................ 00001 segundos, con 44 ceros.

Este es seguramente el intervalo de tiempo más pequeño que existe. El señor Max Planck y ahora algunos sabios lo han tomado como unidad de medida, y lo llaman *un cuanto de tiempo.*

Os reitero que cuando nací, el universo era como un diminuto espacio esférico que medía solo 0,00000 ................ 01 metros (con 35 ceros). Es la menor longitud que muy probablemente existe físicamente.

Justo en aquel instante en que acababa de nacer, me encontré inmerso dentro de lo que me pareció de entrada una gran explosión, el *Big Bang*.

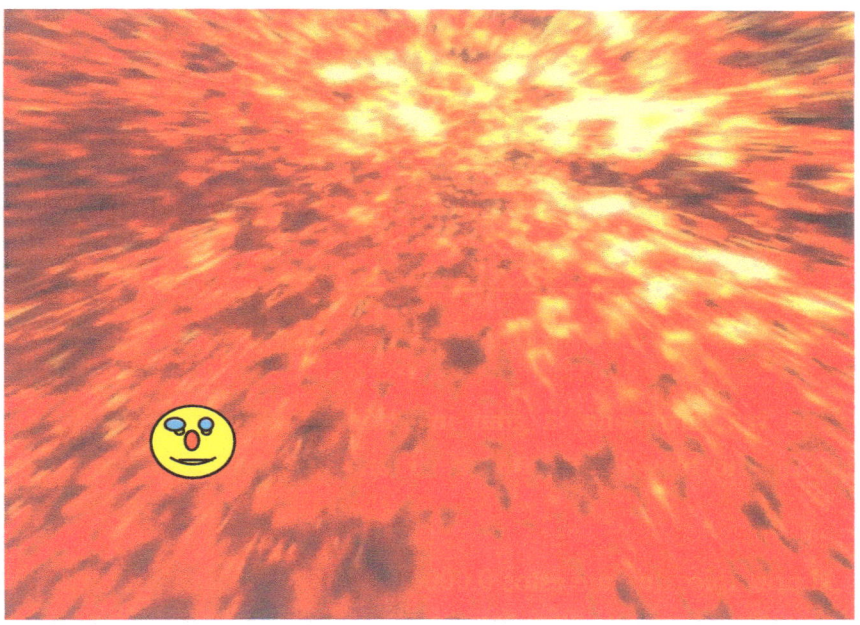

En los primeros instantes, en un ínfimo lapso de tiempo que, gracias a mis facultades, pude medir en solamente unos 0,00001 segundos, vi que, de manera para mí totalmente incomprensible, el universo crecía repentinamente de una forma exorbitante hasta convertirse en una esfera de radio igual a aproximadamente 10.000 millones de kilómetros. Ocurrió lo que ahora se conoce como la gran inflación.

Aumentó 10.000 millones de kilómetros en solo 0,00001 segundos

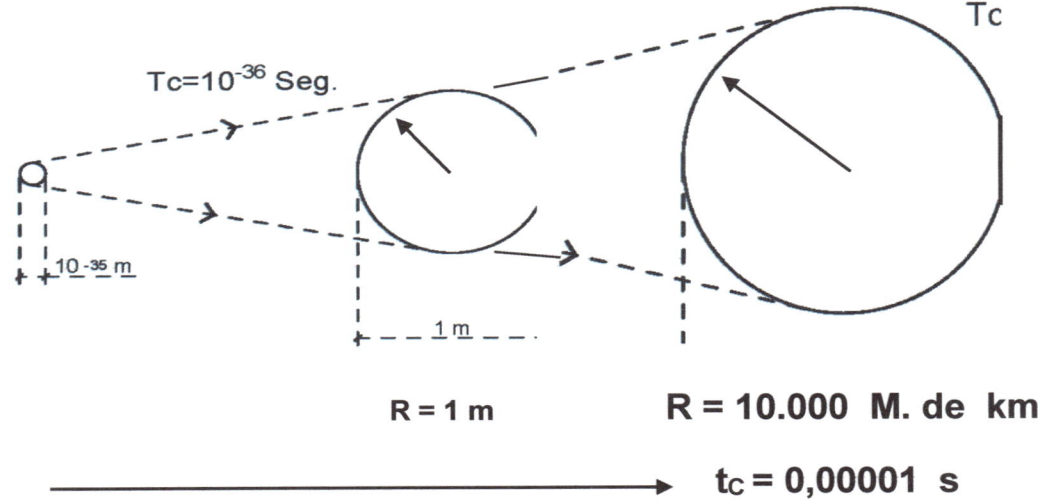

$Tc=10^{-36}$ Seg.

$10^{-35}$ m

$Tc$

1 m

R = 1 m    R = 10.000 M. de km

$t_C$ = 0,00001 s

Una vez terminada la gran inflación, he ido viendo cómo el universo ha ido creciendo mucho más despacio hasta su tamaño actual. Este fenómeno es la *expansión del universo.*

Al principio, durante estos 0,00001 segundos que duró la gran inflación, usando mis facultades extraordinarias, tuve tiempo para ver y experimentar muchas cosas. Lo más importante es que observé cómo a mi alrededor aparecían y desaparecían continuamente todo tipo de *partículas elementales,* la mayoría de ellas muy energéticas. Algunas de estas, casi inmediatamente y sin saber yo por qué, adquirían masa y al poco tiempo se desintegraban. De este modo, algo inexplicable para mí, fueron apareciendo y desapareciendo sucesivamente todo tipo de partículas. Pronto las de mayor masa y, por tanto, las más energéticas, fueron dejando de crearse. Las recuerdo vagamente, pero no las he contemplado nunca más.

A otras partículas de menor masa las he divisado eventualmente, pero las que eran menos energéticas siempre me han acompañado. Aparecían muchas partículas elementales de las que ahora se llaman *quarks* y también, entre muchas otras, las partículas de menor masa que ahora se conocen como *electrones.* Todas estas partículas elementales han sido mis amigas a lo largo de mi vida.

e⁻

Yo soy el electrón y me he reunido con muchos compañeros para ir girando alrededor de todos los átomos que existen

Por otra parte, los quarks que aparecieron eran de los seis tipos que ahora los sabios de las partículas conocen y han denominado: *quark arriba,u, quark abajo,d, quark extraño,s, quark encanto,c, quark fondo b y quark cima,t.*

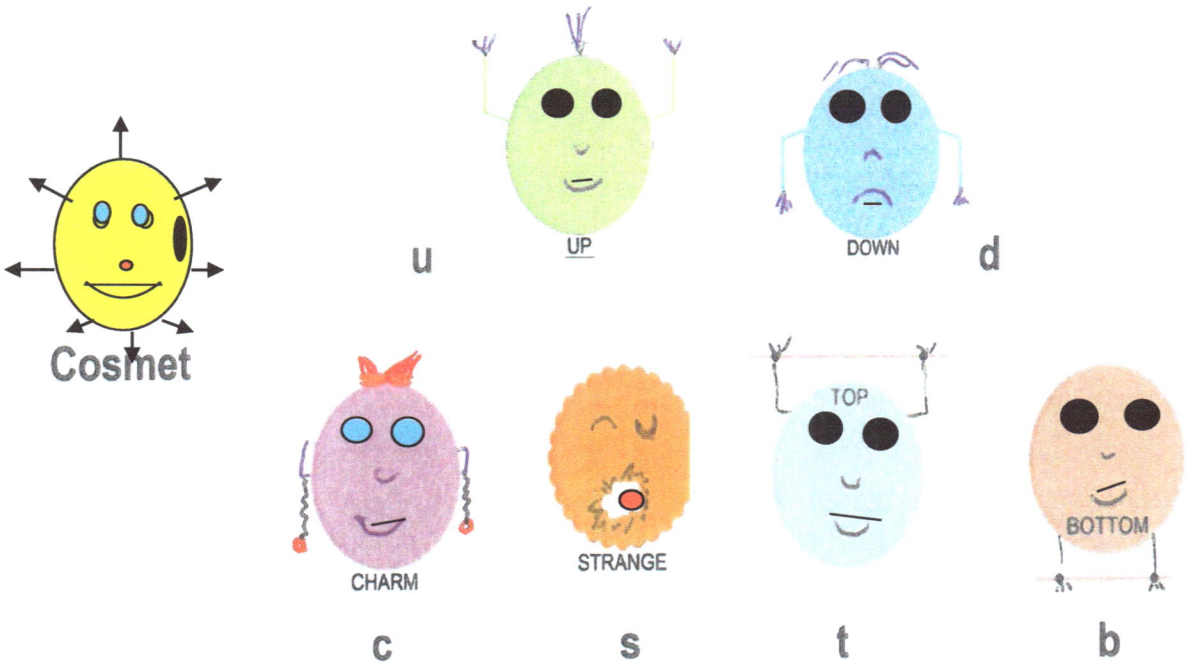

De todos estos quarks, los dos de menor masa-energía son los de la primera fila: el *quark arriba (up )* y el *quark abajo (down),* que no se desintegraron. Se han mantenido siempre estables y actualmente forman, junto con los electrones, toda la materia que existe en el universo. Los demás de mayor masa de la segunda fila, pronto dejaron de formarse y solo los he podido ver de nuevo, eventualmente, al cabo de muchos años.

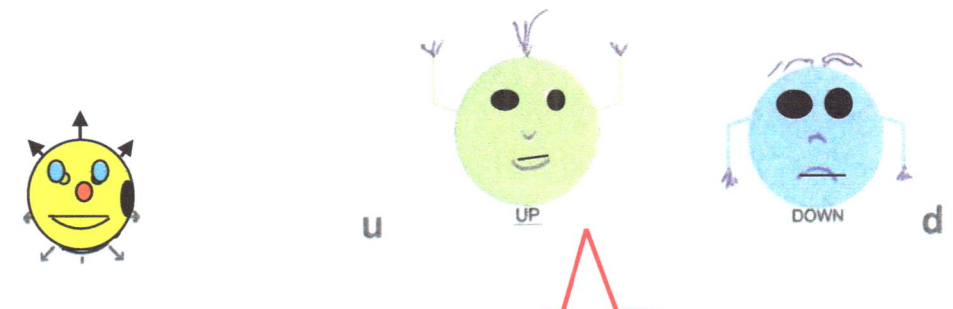

Somos los dos quarks que nos hemos mantenido siempre estables y formamos, junto con los electrones, toda la materia que existe en el universo.

Nuestros compañeros de mayor masa pronto nos abandonaron y dejaron de formarse

Al principio, aprecié partículas elementales de diferentes tipos, casi pegadas unas a otras, flotando en un mar de fotones, pero al poco tiempo, observé también como los quarks de menor masa se asociaban en grupos de tres, originando las *partículas compuestas* que ahora conocemos como protones (u, u, d) y *neutrones (d, d, u).*

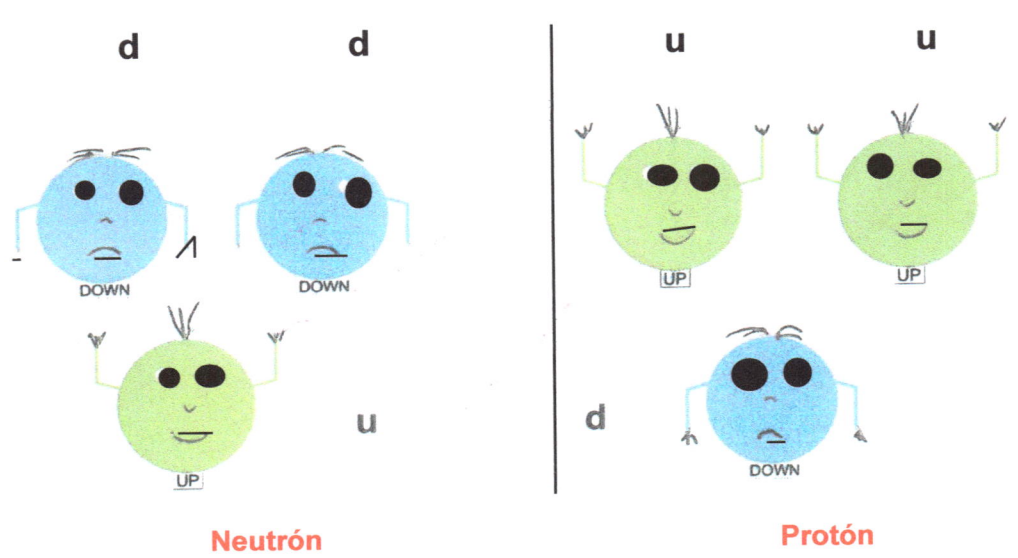

**Neutrón**

**Protón**

Algo curioso que siempre he advertido es el hecho de que estos quarks nunca se aparejan entre ellos, sino que se unen formando tríos; y todavía aún más curioso, y cosa rara, es el hecho de que estos tríos sean totalmente estables.

Años más tarde, vi que algunas de estas partículas compuestas se asociaban a su vez, formando los *núcleos atómicos.* Igualmente, muchos protones no se asociaban con nadie y todavía constituyen los núcleos de hidrógeno. Muchas de las demás partículas compuestas se asociaban también en grupos de dos protones y dos neutrones, formando núcleos del gas que se llama helio.

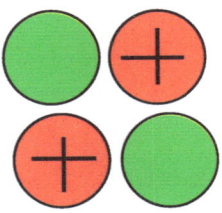

Núcleo atómico de hidrógeno

.

Núcleo atómico de helio,   con sus dos protones y sus dos neutrones

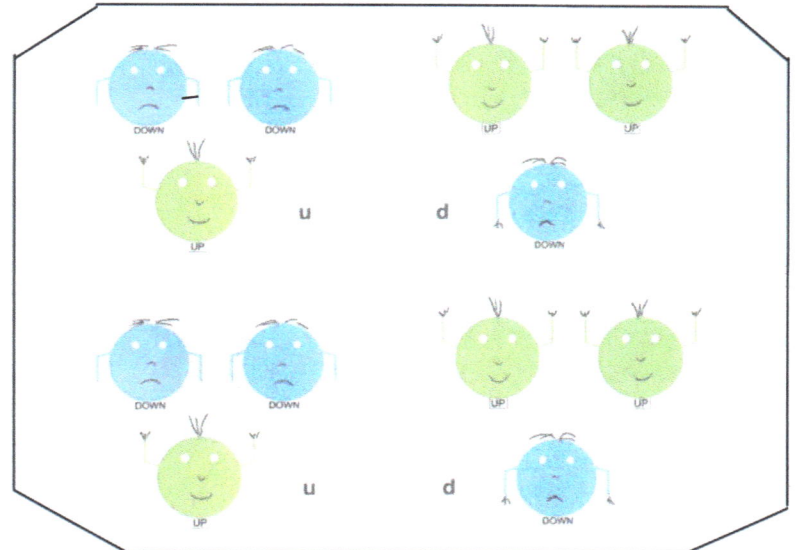

**Núcleo de helio**

**Electrones**

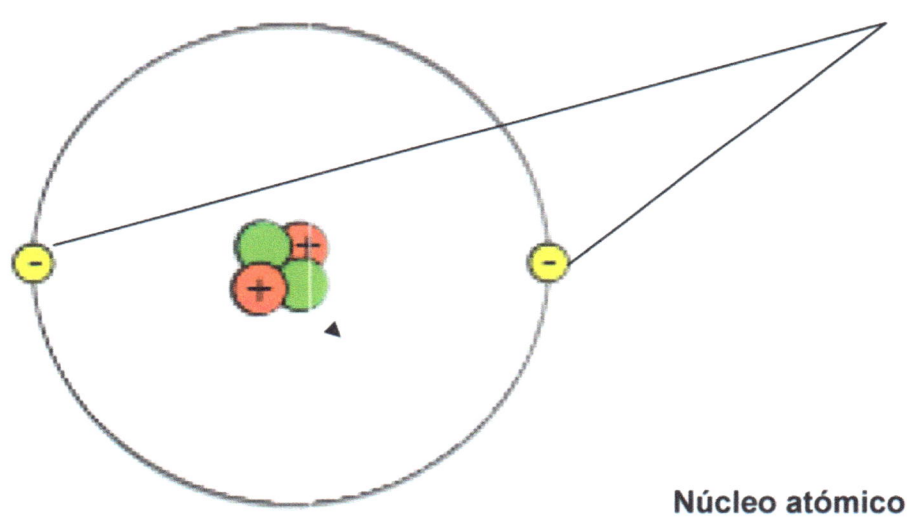

**Núcleo atómico de helio con**

**sus dos protones y sus dos neutrones**

Cuando tuve la edad de 380.000 años, comprobé que muchos de estos núcleos se rodeaban a gran distancia de electrones y, de esta manera, se formaban los pequeños objetos que conocemos como *átomos,* de los que sabemos que están formadas todas las cosas

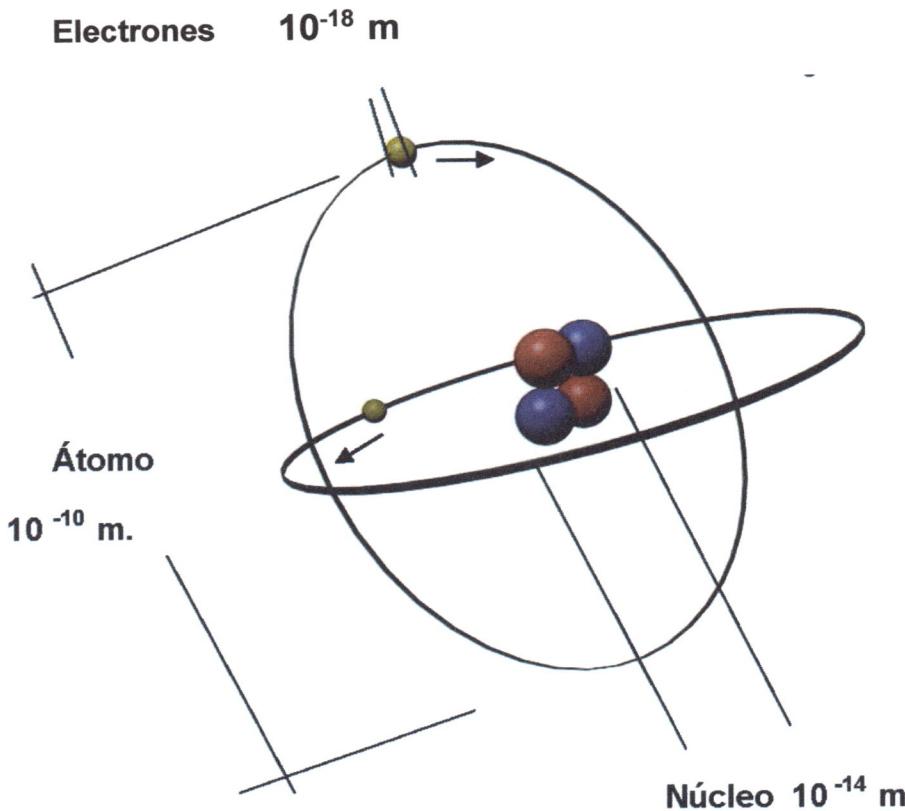

**Electrones    $10^{-18}$ m**

**Átomo**

**$10^{-10}$ m.**

**Núcleo $10^{-14}$ m**

Los electrones quedaban situados a una distancia del núcleo de aproximadamente 10.000 veces la dimensión de este.

Cuando tuvo lugar esta agrupación, dada la gran distancia a la que se situaban los electrones, aparecieron muchos espacios vacíos; el universo se volvió más transparente, con lo cual los fotones normales pudieron comenzar a viajar. La mayoría de ellos han estado viajando constantemente por el universo en expansión, casi siempre sin chocar con nada y siempre a la velocidad de la luz; no saben estarse quietos.

Cuando llegué a la edad de más o menos un millón de años, las partículas con masa comenzaron a agruparse formando muchas nubes que lentamente se contraían, de tal manera que empezaron a formarse los objetos cósmicos que conocemos. Esto ha ido ocurriendo durante toda mi vida. Se han ido formando y aún se forman todo tipo de estrellas, siempre diferentes dependiendo de la masa de la nube inicial de procedencia.

**Azul    Azulada    Blanca    Amarillenta    Amarilla    Naranja    Roja**

Estas estrellas se rodeaban de los objetos más pequeños que conocemos como planetas. También, muchas de ellas se agrupaban formando lo que ahora se llaman *cúmulos estelares*, que, según como estén dispuestas sus estrellas, pueden ser *cúmulos globulares,* más o menos esféricos y muy densos, o bien *cúmulos abiertos*, con sus estrellas más dispersas.

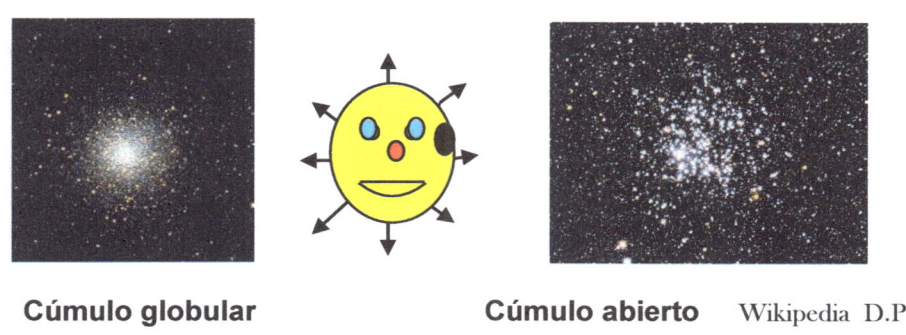

**Cúmulo globular**           **Cúmulo abierto**   Wikipedia D.P.

Mirando a mayor escala, he observado cómo todo lo anterior se ha ido agrupando, formando diferentes tipos de las grandes estructuras denominadas *galaxias.*

**Galaxia elíptica**           **Galaxia espiral**   Pixabay/Álbum

Hasta que no tuve unos 9.000 millones de años, me limité a ser una partícula inmersa en el universo. En los muchos viajes que hice, me dediqué básicamente a conocer todos los objetos cósmicos que se fueron formando y cómo estos fueron evolucionando.

Todos estos viajes los hice en mi forma natural de partícula cuántica. Únicamente cuando me interesaba algo por algún motivo, sin perder mi esencia propia de partícula, me desdoblaba, adoptando también otras formas

Por ejemplo, siempre que he querido conocer la masa de los objetos cósmicos, una pequeña parte de mi inmensa energía la he transformado en una báscula gigante calibrada tanto en kilogramos como en *masas solares*, y con ella simplemente los he pesado. Una *masa solar* es la masa del Sol, a la que los sabios toman como unidad de medida para determinar la de los objetos cósmicos.

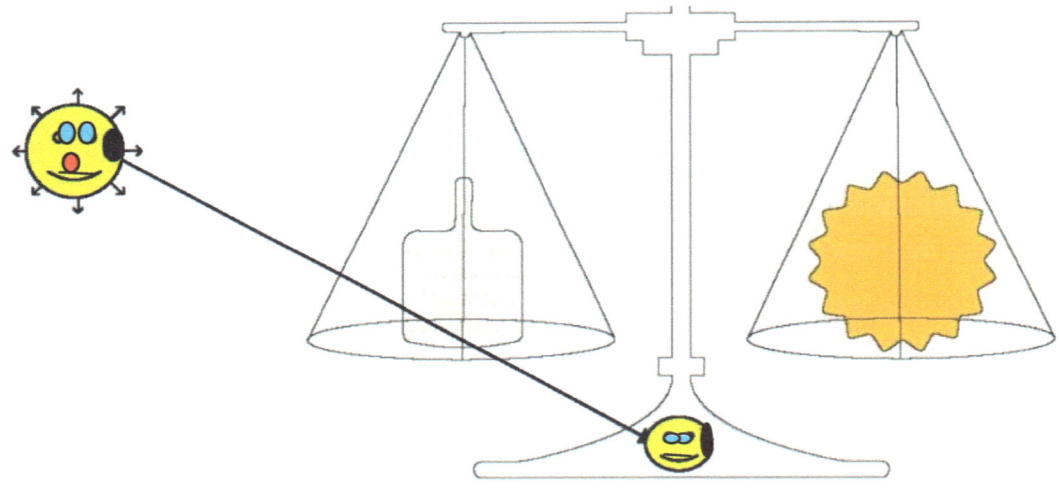

**Cosmet pesando una estrella.**

Cuando acabé de pesar todos los objetos cósmicos y sumé los valores obtenidos, conocí la cantidad de masa que hay en el universo, que resultó ser de unos

$10^{53}$ **kilogramos**; nada menos que lo que resulta de multiplicar cincuenta y tres veces el número 10 por sí mismo.

Igualmente, cuando he deseado saber la temperatura de cualquier objeto cósmico, una pequeña parte de mi energía la he convertido en un termómetro gigante calibrado en lo que ahora se llaman grados Kelvin. Con él he tomado la temperatura de todos los objetos cósmicos que he conocido.

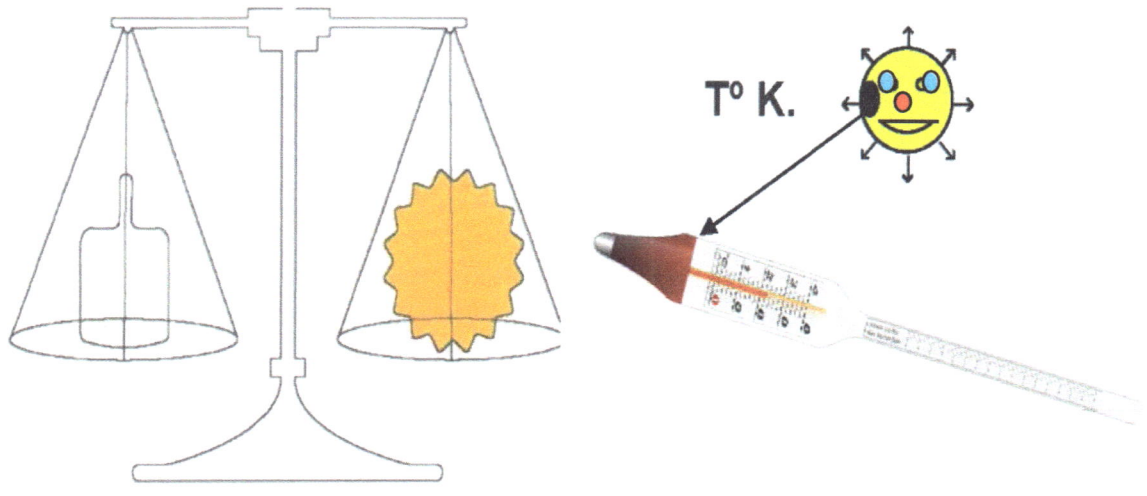

**Cosmet tomando la temperatura a una estrella mientras la está pesando**

Por otra parte, he entendido muy bien el comportamiento de todos los objetos cósmicos del universo, pues con las facultades extraordinarias que tengo, me he transformado en cada uno de ellos durante todo el tiempo que he querido. Realmente, pienso que soy un ser muy singular y que solamente he podido nacer, por lo que ahora los sabios llaman el *azar cuántico.* Sin embargo, debido a que en el universo rige, entre otros, el que yo llamo *principio de no unicidad,* estoy convencido de que no debo ser el único ejemplar con estas capacidades; deben existir otros como yo o parecidos. De todos modos, han de ser muy pocos, ya que de momento no he podido conocer ninguno.

Continúo con la historia de mi vida. Hace aproximadamente unos 4.600 millones de años, cuando yo ya era algo mayor, tenía 9.000 millones de años, observé que, cerca de donde yo me encontraba habitualmente, se estaba formando lo que hoy día llamamos el sistema solar, y con él, la Tierra, satélite del Sol. La novedad a partir de entonces fueron mis viajes al Sol y a los planetas que se fueron originando.

Pixabay / Álbum

Desde mi situación en el espacio, veía la Tierra como un objeto mucho más pequeño que el Sol que se encontraba girando alrededor de este, dando una vuelta cada 365 días. Unos millones de años más tarde, me pareció un sitio agradable para ir a vivir y tanto fue así que me desplacé hasta el punto donde actualmente se encuentra Barcelona y fijé allí mi residencia habitual. En cuanto a la propia Tierra, en estos años vi que se iba transformando sin cesar. Pude observar, por ejemplo, cómo la distribución de continentes y océanos iba variando constantemente; mientras unos se hundían en los mares, otros iban emergiendo.

Por otra parte, en las zonas de tierra el relieve también iba cambiando sin cesar. Conforme pasaba el tiempo, iban apareciendo y desapareciendo montañas y valles. Las causas de estos comportamientos no he llegado a entenderlas hasta que, hace muy pocos años, he tenido ocasión de hablar con humanos normales expertos en la ciencia que se ha llamado geología.

Lo más curioso que he podido observar se ha producido durante los últimos 700 millones de años y es referente a la aparición en la Tierra de seres con vida. A lo largo de este período, han ido apareciendo y desapareciendo muy diversas especies de animales y plantas con las cuales he tenido ocasión de convivir. Efectivamente, desde que comenzaron a aparecer seres vivos de los tipos más diversos, a menudo y conservando mi personalidad esencial de partícula, he adoptado simultáneamente la forma de los mismos para poder vivir entre ellos y de esta manera conocerlos mejor.

Ya al principio tomé el aspecto de muchos animales marinos muy pequeños, como son, por ejemplo, los que los sabios geólogos llaman trilobites. De todos estos pequeños animales, ahora los humanos solo conocemos sus esqueletos petrificados. También, a partir de hace solamente unos 250 millones de años, me transformé en animales muy grandes como los mamuts y los dinosaurios; pasé una temporada con ellos.

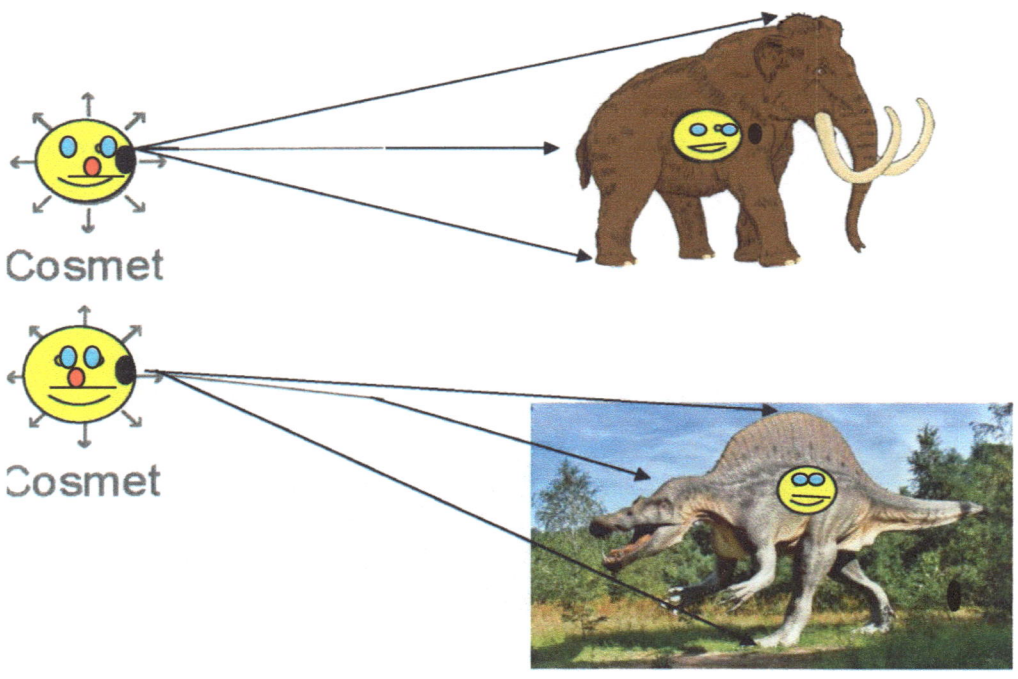

En estos viajes, he permanecido siempre en mi forma natural de partícula cuántica, la cual, dada su cualidad de ser indestructible, me ha permitido sobrevivir a grandes cataclismos de todo tipo. Todos estos hechos que yo he vivido, los normales expertos en geología los han conocido a partir del estudio de los fósiles, que no son otra cosa que cadáveres petrificados de antiguos seres vivientes.

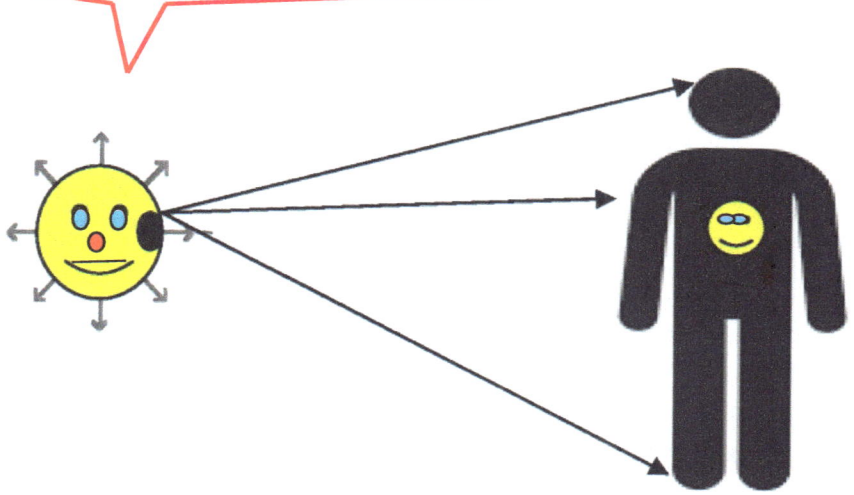

Hace apenas un millón de años que dentro de las especies animales apareció la especie humana, cuya principal característica es tener, casi siempre, una inteligencia superior a las demás. Cuando supe de ellos, dada la facultad de pensar que siempre he tenido, decidí adoptar la forma de esta especie animal, sin abandonar la posibilidad de convertirme en mi esencia verdadera de partícula, siempre que quisiera

Todo lo que os he explicado lo pude ver, pero no fui capaz de entenderlo. Desde hace solamente unos 2.500 años, ante la aparición continua de humanos normales con una inteligencia muy desarrollada, decidí tomar contacto con los que parecían saber más de cada tema. Visitar a estas personas durante estos últimos 2.500 años ha sido el principal motivo de la gran cantidad de viajes que he planeado y realizado por la Tierra. Aparte de todos estos viajes por el universo donde habitualmente resido y que todos más o menos conocéis, he tenido también ocasión de visitar muchos otros universos que también existen. Yo os lo puedo asegurar porque he estado en ellos. Por descontado que ningún humano normal como vosotros ha podido ir, pero algunos creen que existen aplicando lo que llaman el *principio de no unicidad de eventos.*

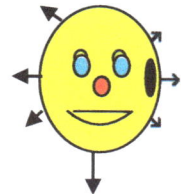

Nada de lo que ocurre o puede ocurrir es un fenómeno unico

Este principio consiste en creer, pues, que nada de lo que ocurre es un fenómeno único y, por lo tanto, igual que se formó nuestro universo, se han formado necesariamente muchos otros. El conjunto de todos ellos es lo que algunos llaman el *multiverso.* Solamente yo, que lo he visitado, puedo asegurar que están en lo cierto. De hecho, es una idea muy simple; basta pensar que no existe ninguna cosa que ocurra, que no haya sucedido antes muchas veces y que pasará muchas otras más.

Os he explicado quién soy en mi verdadera naturaleza de partícula cuántica. Falta que os explique mi segunda naturaleza paralela, como ser humano no normal. Como no me gusta destacar, decidí desdoblarme adoptando la forma y características de un ser humano estándar de 1,80 metros de altura y 80 kg de peso.

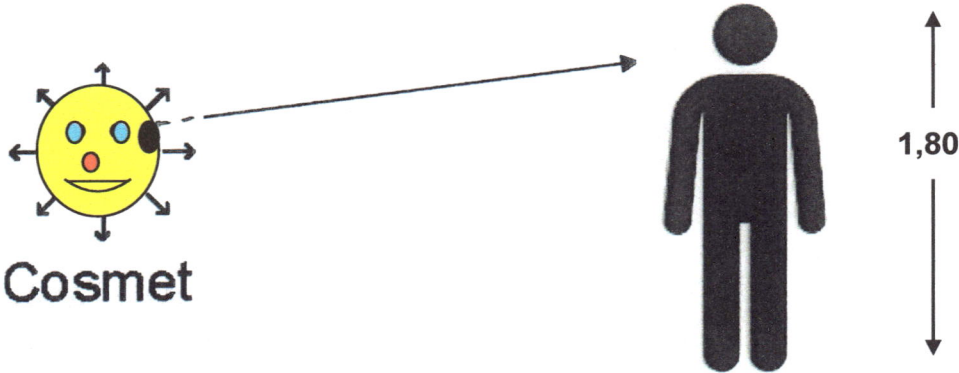

La verdad es que quedé muy bien. Tanto debe de ser así, que al poco tiempo se puso en contacto conmigo un alto directivo de la Oficina Internacional de Pesos y Medidas de Sevres, donde están depositados el metro y el kilogramo patrón. Me pidió mi consentimiento para reproducir mi figura en platino iridio, a la que llamarían el hombre patrón. Con lo que me gusta a mí pasar desapercibido, lógicamente, me negué rotundamente a su petición.

Cuando años más tarde pude hablar con los sabios, estos me explicaron que en mi personalidad humana estoy formado por átomos de diferentes elementos químicos que la mayoría de vosotros conocéis. Me dijeron que en un 99% de lo que somos, estamos formados por átomos, de los cuales un 65% son de oxígeno, un 18% de carbono, un 10% de hidrógeno, y que tenemos también cantidades mucho más pequeñas de nitrógeno, calcio y fósforo. Estas proporciones vienen indicadas en el cuadro que os adjunta mi amigo, el ingeniero, en el que designa para cada tipo de átomo, el número de electrones como $E$ y el de protones como $P$, siendo siempre $E = P$. Designa también como $N$ el número de neutrones de los mismos.

| | % | E = P | N | |
|---|---|---|---|---|
| | n.º protones | | n.º neutrones | |
| | n.º electrones | | | |
| Oxígeno | 65% | 8 | 8 | (básicamente agua) |
| Carbono | 18% | 6 | 6 | (moléculas orgánicas) |
| Hidrógeno | 10% | 1 | 0 | (básicamente agua) |
| Nitrógeno | 3% | 7 | 7 | (proteínas) |
| Calcio | 1,5% | 20 | 20 | (huesos y dientes) |

Usando los datos de este cuadro, los que tengáis un mínimo de conocimientos de matemáticas y os guste hacer números, podéis calcular fácilmente el orden de magnitud del número de partículas de que estamos formados.

Sin hacer ningún cálculo, yo he contado las partículas de cada tipo que tengo, que son nada menos que lo que resulta de multiplicar treinta veces el número diez por sí mismo. Lo que resulta, pues, de los cálculos, es que el número de partículas elementales con materia que tenemos es de muchos miles de millones.

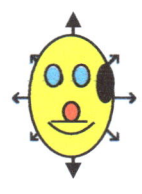

No somos otra cosa que un conjunto de muchos miles de millones de partículas elementales debidamente ordenadas

Por otra parte, dada la gran distancia que existe en cada átomo entre su núcleo y los electrones que lo orbitan, resulta que nuestro cuerpo está ocupado, en casi su totalidad, por un espacio vacío de materia.

Además, también tengo otras partículas inmateriales de tipos y características muy distintas, como son, por ejemplo, las que corresponden a todas mis sensaciones, mis sentimientos y mis pensamientos. Aunque ningún sabio me lo ha sabido explicar, pienso que no son más que partículas inmateriales que recorren constantemente el sistema nervioso de los humanos, como si de una fibra óptica se tratara.

También me he dedicado a analizar muchas otras cosas en los humanos normales, que he ido conociendo. Ahora sé, por ejemplo, que la masa o energía total que contienen sus cuerpos ha existido desde siempre; es decir, durante los 13.700 millones de años que tenemos el universo y yo mismo.

He observado que en los humanos normales, desde que nacen y hasta su muerte física, su número de partículas está siempre aumentando; al principio, absorbiendo su cuerpo una cantidad de energía equivalente al incremento de su masa. Más tarde, generalmente, el número de partículas va disminuyendo. Al final de este ciclo de vida, su muerte física no es una muerte real, pues las partículas elementales no desaparecen, sino que se dispersan por el universo.

He llegado, pues, a la conclusión de que la muerte física de un ser viviente únicamente significa que en un determinado momento desaparece la organización de las partículas elementales que lo constituyen. Estas dejan de formar sus cuerpos y se integran en la totalidad del universo; así, pasado un tiempo, muchas de ellas se encuentran situadas a miles y millones de años luz de distancia, pero conservando seguramente determinadas conexiones cuánticas con partículas de otros seres aún en vida.

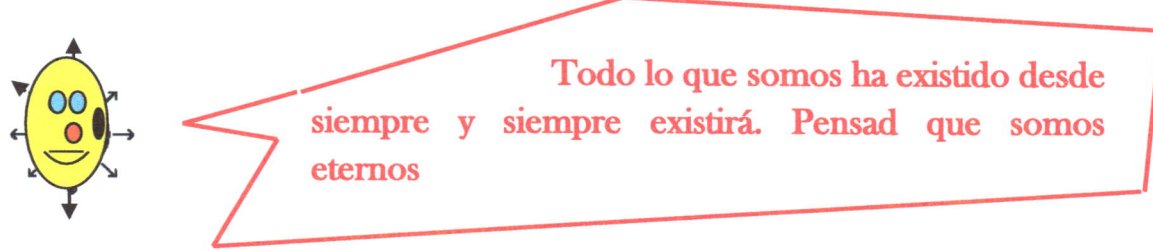

Todo lo que somos ha existido desde siempre y siempre existirá. Pensad que somos eternos

Me he dado cuenta de que estos conceptos tienen un cierto paralelismo con algunas ideas religiosas que sostienen muchos humanos normales. Creen que el ser humano tiene un contenido material y algo inmaterial que han llamado alma. Cuando la vida se extingue, sostienen que el alma permanece. Las religiones cristianas y algunas otras sostienen, además, que esta alma es eterna; o sea, que nunca muere. Asimismo, dependiendo del comportamiento ético que ha mantenido el individuo en cuestión, creen que su alma irá a parar al cielo o al infierno. La cosa positiva de estas curiosas afirmaciones relativas a que el alma no muere puede ser que en algunos casos hayan ayudado a personas creyentes moribundas a aceptar su situación y quizás les hayan proporcionado un determinado consuelo.

En la concepción materialista del ser humano que yo tengo, estos efectos positivos podrían ser mayores. No solamente son eternas sus partículas inmateriales, sino la totalidad de sus partículas.

Por otra parte, de acuerdo con el comportamiento cuántico de todas ellas, no existe el comportamiento bueno -el bien- o el comportamiento malo -el mal-. Únicamente debe existir lo que los sabios de la física cuántica llaman una función de onda, la cual determina en cada individuo y en cada momento las probabilidades de que pueda realizar cualquier acto del tipo que sea.

Los infiernos no deben existir, ya que en ninguno de mis viajes los he visto. Las partículas de todos los humanos normales que, por azar cuántico, se han acoplado temporalmente en lo que se ha llamado vida, se deben encontrar distribuidas en los cielos inmensos del universo, conservándose determinadas conexiones cuánticas entre muchas de ellas.

Así que podéis estar bien tranquilos; nunca desapareceréis. Vuestras partículas irán dando vueltas por el universo eternamente, tal como lo han estado haciendo durante muchos miles de millones de años

Ahora ya sabéis quién soy y cómo soy. Asimismo, de qué modo veo a los humanos normales con los que me relaciono. No os he dicho que soy amigo de muchos de ellos, que incluso estoy casado, y que tengo familia.

Sí, sí, cuando hace ya unos años decidí buscar pareja, me dedique a observar con atención todas las mujeres que existían, y precisamente la que más me gustaba se enamoró de mí

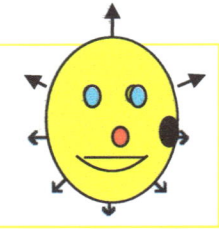

Además, hace muy poco tiempo me he hecho muy amigo de un humano muy normal con el que mantengo una gran relación. Es ingeniero, del tipo que ahora llaman de caminos, canales y puertos

Entre otras cosas, he notado que nos parecemos bastante. Incluso he pensado que podría ser mi padre.

Ya conocéis aquel dicho castellano que afirma «No se puede decir que de esta agua no beberé ni que este cura no es mi padre». Los últimos días se ha dedicado a pasar a limpio todas las notas que he ido tomando e incluso me ha proporcionado dibujos de los que os adjuntaré una copia. La verdad es que se parecen bastante a todo lo que yo he visto y vivido.

Ahora que me conocéis bien, paso a explicaros lo que he podido contemplar en muchos de mis viajes y también algunas de las conclusiones a las que he llegado. Es una lástima que los niños y los muy jóvenes no lo podáis aún entender, pues si así fuera, quizás yo podría llegar a ser tan famoso como Tintín.

## Mis viajes por el universo

Os voy a narrar primero mis viajes por el universo hasta que tuve la edad de 9.000 millones de años, que fue cuando se formaron el Sol y sus planetas.

Los realicé todos ellos en mi forma natural de partícula cuántica y, únicamente cuando me interesaba por algún motivo, adoptaba otras. Ya os he mencionado, por ejemplo, como me he transformado en una báscula gigante siempre que he querido conocer la masa que tenían los objetos cósmicos.

En todos estos viajes me dediqué básicamente a conocer todos los que se fueron formando y la evolución de los mismos conforme transcurría el tiempo. Vi nacer estrellas, siempre a partir de una nube muy grande de gas donde se iban formando grumos y concentraciones cada vez más densas de las partículas que las constituían, todo ello debido al efecto de la atracción gravitatoria entre sus masas, tal como me explicó el señor Isaac Newton cuando le visité hace no muchos años.

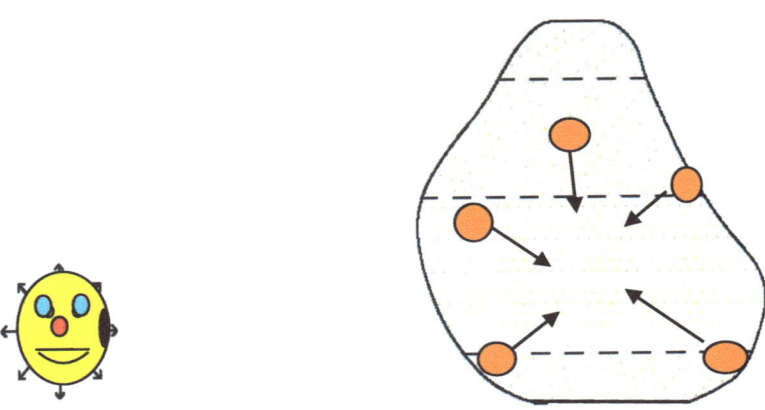

En mis primeros 9.000 millones de años, observé muchas de las estrellas que se iban originando. Igualmente, comprobé como se agrupaban formando cúmulos estelares y galaxias.

Os anticipo que cuando tenía algo más de 1.000 millones de años, me fijé en los objetos cósmicos llamados *agujeros negros.* Cuando tuve ocasión de ir a través de ellos, pude salir de nuestro universo y descubrir la existencia de muchos otros.

Allí descubrí con asombro que, de forma instantánea, siguiendo los caminos que los sabios llaman agujeros de gusano, podía acceder a todos los otros agujeros negros que existen y visitar, de esta manera, incluso las galaxias más lejanas a las que por el camino ordinario, ni con las mayores velocidades que puedo alcanzar, no habría podido nunca llegar.

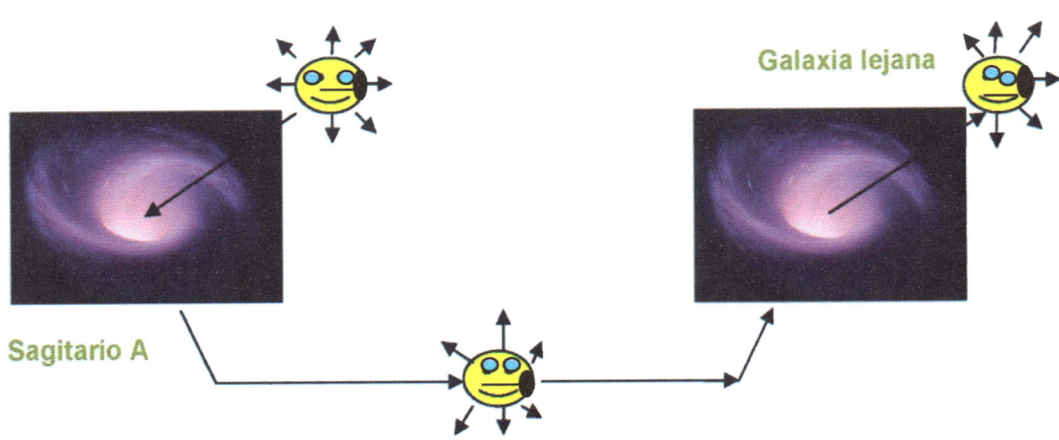

Agujero de gusano.   Imagen de Pixabay / Álbum

Así he realizado en diversas ocasiones 88 viajes, en las 88 direcciones que indican las constelaciones que vemos en el cielo nocturno. Os explicaré todos estos viajes y lo que vi en los principales objetos cósmicos que me fui encontrando.

Desde que cumplí 9.000 millones de años y me fui a vivir a la Tierra, por estar solidariamente ligado a ella, la he visto siempre en estado de reposo. Desde mi nueva localización, lo que vi que se movía era el sol, que daba una vuelta a la misma cada 365 días. Observé también que cada día el sol aparecía y desaparecía cada 12 horas. A pesar de las limitaciones de mi entendimiento, pronto pude deducir que esto se producía porque la Tierra rotaba continuamente sobre sí misma, dando un giro cada 24 horas. Durante las 12 horas en que era de día, prácticamente no podía ver nada del universo, pues, a pesar de lo extraordinaria que era mi vista, el sol me cegaba. Podía observar los objetos cósmicos del universo solamente durante las horas nocturnas.

## Mis visitas a los sabios

Ha sido en los últimos 2.500 años cuando me he dedicado a entablar conversación con muchas personas, en particular con los sabios, sin entrar nunca a discutir nada con nadie. Me he guardado de no hablar de fútbol, de política ni de religión, debido a que nunca he querido hacerme enemigos. Ya conocéis un dicho castellano que dice: «Fútbol, política y religión no deben ser temas de discusión»

De todo lo que me han aclarado los sabios durante estos años, me limitaré a explicaros solamente todo lo que mi nivel del conocimiento de las matemáticas me ha permitido entender. De los sabios con los que he conversado, los que más cosas me han aclarado han sido los sabios matemáticos y los físicos. He visto que unos y otros enfocan las cosas de forma distinta, pues las matemáticas y la física son disciplinas conceptualmente distintas.

Alguien me comentó que las matemáticas se mueven siempre en un ámbito abstracto, en el que los distintos conceptos y sus relaciones se analizan utilizando reglas pensadas por el propio matemático. En cambio, en la física se analizan todo tipo de conceptos y sus relaciones, empleando y aceptando las reglas fijadas por la propia naturaleza. No obstante, me he dado cuenta de que es muy curioso ver que muchas de las reglas que inventa el matemático, poco más tarde, con el avance de la experimentación, acaba descubriéndose que a menudo coinciden con las que impone la naturaleza.

Efectivamente, he comprobado que el comportamiento del universo, entendido como un conjunto de partículas de masa-energía en el espacio-tiempo, obedece siempre a unos modelos matemáticos que no solamente explican y justifican hechos comprobados experimentalmente, sino que, además, han permitido anticipar el conocimiento de nuevos fenómenos que más tarde han sido verificados en experimentos.

**El comportamiento del universo obedece siempre a determinados modelos matemáticos**

Creo que de los conocimientos proporcionados por razonamientos y deducciones matemáticas que aún no han sido verificados de forma experimental, seguramente, muchos se irán comprobando conforme los sabios normales vayan avanzando en los métodos, instrumentos y sistemas de experimentación. Lo que sí he constatado es que, a menudo, el conocimiento del universo proporcionado por las matemáticas ha avanzado al conocimiento proporcionado por la experimentación. Quizá, entre muchos otros, uno de los casos más significativos de este hecho es lo que me explicó el señor Albert Einstein sobre una ecuación de equivalencia masa - energía. Una masa $m$ equivale a una cantidad de energía $E$.

**$E = m \cdot c^2$, en la que $c$ es la velocidad de la luz, 300.000 km / seg**

Einstein obtuvo esta ecuación de la equivalencia entre la masa y la energía, simplemente mediante una sencilla deducción matemática. Unos cuantos años más tarde, la equivalencia quedó verificada en diversas y algunas muy nefastas experiencias, como fueron las de Hiroshima y Nagasaki de la Segunda Guerra Mundial, en las que simplemente una pequeña masa radiactiva se convirtió en otros tipos de energía equivalente.

Hiroshima     Imagen de Pixabay / Album

Me he percatado también de que otro de los aspectos más significativos que ilustran el papel fundamental que han tenido las matemáticas en el conocimiento del universo ha sido que anticipan conocimientos teóricos muy por delante de su verificación experimental.

Un ejemplo de esto ha sido el conocimiento, por parte de los humanos, de la existencia de muchas partículas elementales simplemente a partir de modelos matemáticos, mucho antes de que fueran detectadas experimentalmente.

Así pues, es solamente desde hace 2.500 años que, gracias a mis visitas y conversaciones con los sabios, comencé a entender algo de todo lo que había visto.

Entre muchos otros, pude conversar con Sócrates, Platón, Aristóteles, Galileo, Copérnico, Maxwell, Descartes, Riemann, Pierre y Marie Curie, Lorentz, Einstein, Planck, Pauli, Schrodinger, Bohr, Dirac ..............

Aparte de mis visitas a cada sabio, una vez coincidí con muchos de ellos cuando, en el año 1927, se encontraban juntos en un ya histórico Congreso Solvay, al cual yo asistí discretamente en mi forma de partícula cuántica. Entre los veintiún científicos que participaron se encontraban algunos de los más importantes de la época. Presidía el Congreso el físico holandés Hendrik Lorentz. También estaban Max Planck, el físico alemán que inició la física cuántica a principios de siglo, y Marie Curie, la científica francesa de origen polaco que, teniendo ya el Premio Nobel de Física, había recibido recientemente un segundo, el de Química.

Casi todos eran poseedores del Premio Nobel, o lo serían al poco tiempo. Me sorprendió que no hubiera premio Nobel de matemáticas. Alguien me dijo que no existe un premio Nobel de matemáticas porque la esposa de Alfred Nobel le era infiel con un matemático; pero esto es falso, puesto que Nobel nunca se casó. La fotografía de los asistentes decora muchas universidades de ciencias de todo el mundo.

**Fila 3**          **Schrodinger**          **Pauli   Heisenberg**

F 13.     Dominio público .     File : Solvay conference 1927.jpg.     Creado el 1 de enero de 1927 por Benjamín Croupie.

Fila 1     **Planck     M. Curie     Lorentz     Einstein**

Fila 2                          **Dirac     De Broglie     Born     Bohr**

A la salida del congreso y ya en mi aspecto humano, escuché las conversaciones, incluso discusiones, que mantenían diversos sabios. Una de ellas fue la que mantuvieron Bohr y Einstein acerca del azar cuántico, en el que este último no creía totalmente.

Mientras discutían de este tema, se produjo el agudo intercambio de comentarios entre Einstein y Bohr que ha pasado a la historia.

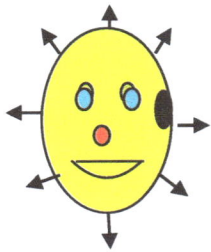

El primero le dijo al segundo,

« Dios no juega a los dados »

y Bohr respondió,

«Einstein, deja de decirle a Dios lo que debe hacer »

Aunque la mayoría de grandes sabios salieron entusiasmados del Congreso, Bohr regresó a Dinamarca decepcionado por no haber podido convencer a Einstein para que aceptase sus ideas sobre la naturaleza de la realidad cuántica.

Concluido el evento, tuve el honor de hablar con los físicos más importantes del momento, de los que entre otros yo ya conocía a Max Planck, Marie Curie, Hendrik Lorentz, Paul Dirac, Albert Einstein, Louis Victor de Broglie, Wolfang Pauli, Werner Heisenberg, Max Born y Niels Bohr.

Para acabar, tengo que deciros también que, en todas mis visitas a los sabios, me he guardado mucho de explicarles mi verdadera naturaleza como partícula cuántica, pues pienso que no lo habrían entendido en absoluto.

Es que lo mío es muy raro, pues simplemente mi propia existencia contradice todas las leyes que rigen el universo, las cuales los sabios han ido descubriendo.

Entre otras cosas, no habrían encontrado ninguna explicación al hecho de que, siendo yo una partícula sin masa, pueda moverme y viajar a cualquier velocidad, incluso permanecer en reposo

Todas las demás partículas sin masa, como son los fotones normales, están condenadas a moverse perpetuamente a la velocidad de la luz, sin capacidad de modificar esta velocidad. Esto yo lo entiendo muy bien dado que la velocidad de una partícula solo varía cuando se le aplica una fuerza, y cualquier fuerza solo actúa sobre partículas másicas.

Hoy por hoy, no he conocido a ningún sabio que pueda explicar lo mío, ya que va en contra de todas las teorías aceptadas. La única explicación que a mí se me ocurre es que, posiblemente, yo debí de nacer en otro universo regido por leyes y parámetros distintos y, por un simple azar, quedé incorporado al nuestro.

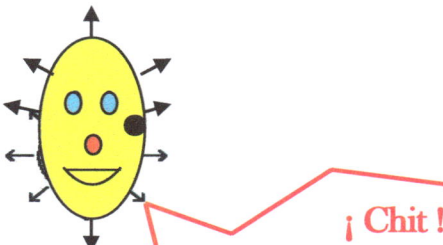

¡ Chit !

Por favor, os he contado esto solo por la singularidad de nuestra situación de confinamiento.

No digáis nada a nadie de ello, no lo entenderían y os tomarían por locos o por mentirosos

Pienso que solamente podría entenderse todo esto, si algún día aparecieran un nuevo Einstein y un nuevo Max Planck que descubrieran la posible existencia de leyes generales distintas, válidas para la totalidad del cosmos, y una posible relación entre los parámetros propios de cada universo.

Durante los últimos años, aparte de visitar a muchos más sabios, he realizado otros tipos de actividades con las que me he entretenido mucho. Entre ellas, voy a hablaros de las excursiones que he hecho acompañando a astronautas en todas sus misiones espaciales. La más emocionante para mí fue cuando acompañé discretamente al señor Neil Armstrong en su paseo por la Luna.

Imagen de Pixabay / Álbum

También lo he pasado muy bien montado en los artilugios que los sabios humanos han ido inventando y construyendo para poder observar el universo. Por ejemplo, me he pasado muchas horas viajando por el espacio dentro del telescopio espacial llamado, en honor a Edwin Hubble, *telescopio Hubble.*

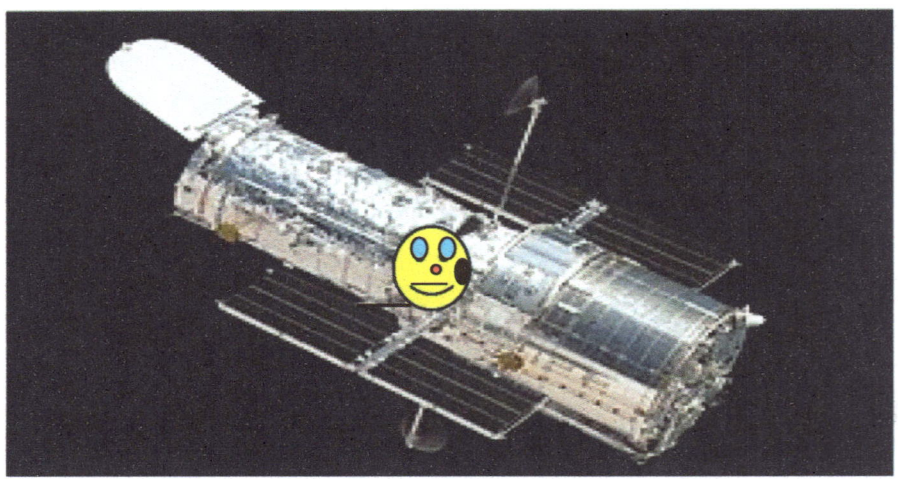

**Cosmet viajando en el Hubble**     Wikipedia    Dominio público    File: SM4.jpe

Foto del telescopio espacial Hubble de la NASA tomada durante la quinta misión de servicio en 2009. Ruffnax (Tripulación de STS125)http://catalog.archives.gov/OpaAPI/media/23486741/content/stillpix/255-sts/STS125/STS125_ESC JPG/255-STS-s125e011848.j

Siempre me han gustado también bastante los *aceleradores de partículas,* que son unos artilugios que han ido inventando y fabricando los sabios para detectarlas, recreando en ellos las condiciones del universo primitivo en el que ya os he explicado cómo se formaron de manera natural.

En los aceleradores, los sabios crean las partículas buscadas de las que generalmente han predicho antes su existencia, a partir de provocar colisiones con otras partículas fáciles de obtener, como pueden ser los electrones y los protones. Estas son generalmente las partículas de partida en los aceleradores, cuya función es acelerarlas hasta dotarlas de una altísima velocidad y, por tanto, de una muy gran energía. Al chocar entre ellas, se desintegran y esta energía se convierte en partículas de gran masa.

Yo lo he podido ver muchas veces. Lo que he hecho es meterme dentro del acelerador y, a una velocidad ligeramente inferior a la de la luz, seguir de cerca las partículas que circulan. Esto me ha permitido observar de cerca muchos choques y la formación de partículas que los sabios nunca han conseguido detectar

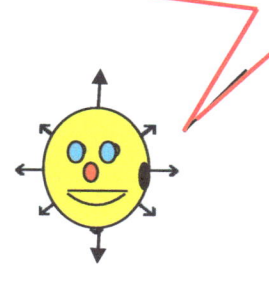

**Cosmet dentro del LHC moviéndose casi a la velocidad de la luz**

Acelerador de partículas en el LHC. Imagen tomada de Wikipedia. Fotografía del CERN. Creative Commons. Maximiliano Brice (CERN). Licencia Creative Commons Attribution-Share Alike 3.0 Unported

47

## 2. Como veo yo ahora el cosmos y el universo en que vivimos

En este primer día de confinamiento, tras un descanso, aquí me tenéis de nuevo en mi doble naturaleza humana y de partícula cuántica para explicaros como veo yo ahora el cosmos y el universo en el que vivimos.

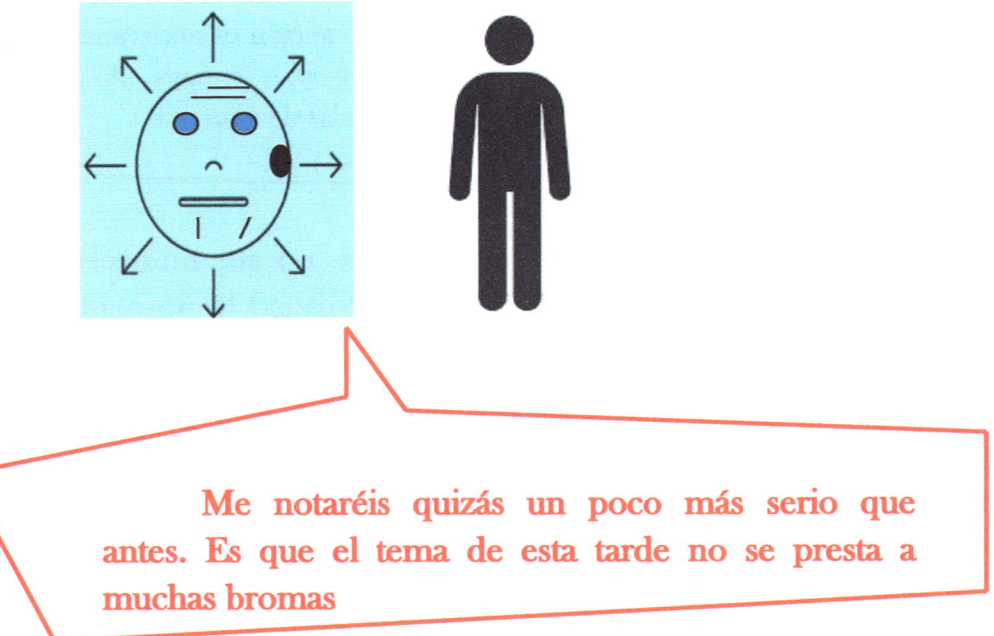

Me notaréis quizás un poco más serio que antes. Es que el tema de esta tarde no se presta a muchas bromas

Todos sabéis que vivimos en el universo. Os cuento la visión amplia de este, que después de muchos años de observar y viajar por él he podido adquirir.

De entrada, ya os digo que este universo, que más o menos conocéis, no es el único que existe. Es solamente una pequeña parte de lo que se llama el cosmos, que para mí es el conjunto de todo lo que existe, ha existido o puede existir, ya sea material o inmaterial y ya sea observable o no observable por vosotros, que sois seres humanos normales. De hecho, la mayor parte del cosmos existe sin que podáis tener conocimiento de ello. Efectivamente, he comprobado que, por una parte, hay el universo que conocéis, donde existe la geometría; por tanto, los conceptos de punto, de tamaño y de distancia propios de nuestro universo observable. En ese mismo, existe el espacio que es un conjunto de puntos, y también el tiempo.

Pero yo he podido comprobar la existencia de algunos

universos parecidos al nuestro y de otros muy distintos

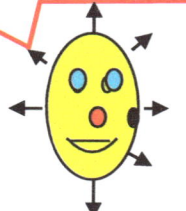

> También hay una inmensa parte del cosmos fuera de nuestro universo, donde no existe ningún tipo de geometría, debido a lo cual, toda esta parte no se halla ligada a ningún espacio físico, a ninguna localización, ni a ningún momento temporal, pues allí no existe el tiempo

Yo he accedido muchas veces a esta parte del cosmos y he llegado a la conclusión de que constituye un espacio abstracto, no físico, cuyos elementos, por el simple hecho de su existencia, se pueden considerar como puntos imaginarios, claro está, considerando la palabra punto en un sentido distinto al estrictamente geométrico. Cada uno de estos puntos imaginarios no es otra cosa que una cantidad indefinida de energía que está fluctuando constantemente. Lógicamente, no tiene demasiado sentido una representación de algo que no tiene dimensiones, pero ha habido quien incluso ha hecho dibujos, como el siguiente:

Imagen extraída de nasa.gov. Image Credit: X-ray: NASA/CXC/FIT/E. Perlman; Illustration: CXC/M. Weiss.

> Desde que hemos comenzado estoy viendo muchas caras de sorpresa

> Lo entiendo, pues todos vosotros, por el hecho de estar siempre ligados al espacio y al tiempo, nunca habéis podido salir de vuestro universo; por ello se os hace muy difícil imaginaros todo esto

Aun con todo, os voy a intentar explicar como yo lo veo:

> Para mí, el cosmos global se puede asimilar a lo que sería un espacio puntual imaginario que algunos humanos han llamado el superespacio.
>
> Dentro de este superespacio imaginario, vivimos todos en un espacio puntual real del que no es más que una pequeña parte. Yo sé que este es solamente una pequeña parte del cosmos total o superespacio que únicamente yo, con mis facultades y poderes extraordinarios, he podido conocer

Además, sé que existen otros subespacios puntuales reales que son otros universos, a los que he visitado gracias a mis facultades, como ya os he comentado. Muchos se asemejan al que los humanos normales observáis, pero otros son totalmente diferentes. El conjunto de todos ellos es lo que unos pocos sabios humanos llaman el *multiverso* y lo imaginan como un conjunto de universos inmersos como burbujas flotando dentro del superespacio.

Después de explicaros someramente como he visto que evolucionaba el universo, pasaré a contaros con más detalle buena parte de lo que he ido viendo durante mi larga vida, yendo de sorpresa en sorpresa. Este universo en el que nos encontramos no ha sido siempre igual, ha ido cambiando constantemente en su tamaño, ya que se ha estado expansionando. También ha estado variando constantemente en la distribución de todo lo que contiene, que es únicamente lo que se llama energía. Los sabios de la física admiten como principio universal que esta no se crea ni se destruye, pero que se está transformando constantemente. Voy a centrarme primero en este universo que todos conocéis, del cual, a pesar de las limitaciones que tenéis como humanos normales, habéis podido llegar a un conocimiento que, en general, cuadra muy bien con lo que yo he comprobado.

Me sorprende, de entrada, que hayáis podido calcular la edad y el tamaño de vuestro universo. Cuando habláis de universo observable os referís únicamente a la parte que podéis ver. Estamos considerando todos que este es un espacio puntual o conjunto de puntos. Por tanto, se ha de poder observar desde cualquiera de sus puntos, lo que significa diferentes observadores. Lo que me han contado los sabios matemáticos es que esto significa realmente distintos sistemas de referencia. En mis viajes a las galaxias he contemplado el universo desde todos ellos. Dado que la existencia del universo es una realidad, este debe ser el mismo, independientemente de donde se encuentre situado el observador, o lo que es lo mismo, desde cualquier sistema de referencia. Como observadores, vosotros solamente lo habéis visto desde un punto concreto del mismo que es la Tierra.

Varios sabios me han explicado algunos de sus experimentos para conocer eventos lejanos en el espacio-tiempo. Se han basado fundamentalmente en el estudio y análisis de luz que reciben procedente de objetos cósmicos que, en su momento, tal como hacen constantemente todos ellos, emitieron partículas luminosas.

En mi opinión, uno de los más importantes realizados es, sin lugar a dudas, lo que descubrió el astrónomo estadounidense Edwin Hubble en la década de los años veinte del siglo pasado, que le permitió llegar a la conclusión de que el universo no es estático, sino que se encuentra en constante expansión. Hasta el momento en que Hubble descubrió esto, incluso el mismo Albert Einstein, a quien conozco bien, me explicó que pese a que sus teorías demostraban lo contrario, no se había atrevido a ir en contra del consenso general de la comunidad científica que creía en un universo estático.

En el año 1931, me desplacé hasta California y hablé con el señor Edwin Hubble en el observatorio Monte Wilson, cerca de Pasadena, que es donde él trabajaba.

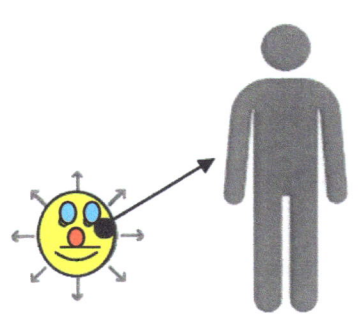

**Cosmet**

**Edwin Hubble en el año 1931**

Wikipedia D.P. Dominio público. Creado el 1 de enero de 1931. Retrato de estudio de Edwin Powell Hubble. Fotógrafo: Johan Hagemeyer. Fotografía firmada por el fotógrafo, fechada en 1931. http://hdl.huntington.org/cdm/ref/collection/p15150coll2/id/129.

Hubble era un hombre con alta estima de sí mismo que hacía parecer que todo lo que se proponía se viera fácil. Antes de hablarme acerca de sus trabajos científicos, me confesó que de joven su verdadera pasión había sido el deporte y que había practicado el atletismo, el baloncesto y sobre todo, el boxeo. Tanto es así, que en su día fue propuesto para ser profesional y enfrentarse al entonces campeón del mundo de pesos pesados, Jack Johnson.

Ya entrando en lo que a mí más me interesaba, me detalló cómo había verificado experimentalmente el hecho de que el universo se expande y de que la velocidad de expansión en cada punto es proporcional a su distancia a la Tierra.

Por efecto de la expansión del universo, todas las galaxias se están alejando constantemente de nosotros y a mayor velocidad cuanto más lejos se encuentran

Precisamente, aplicando esta ley de expansión al radio del universo y rebobinando hacia atrás el tiempo cósmico, los sabios han llegado a la teoría del *Big Bang*, mediante la cual intentan explicar la evolución del radio del universo desde un momento lejano en que este sería un simple punto en el cosmos, hasta llegar a su tamaño actual. Me impresionó mucho el hecho de que, sin haber visto nada, los sabios vislumbraran lo que yo ya había contemplado.

Para los que os gustan los números, las fórmulas y las ecuaciones, mi amigo, el ingeniero que nos acompaña en nuestro confinamiento, os hará entrega de la formulación que me entregó Hubble. De esta resulta que la edad del universo o tiempo cósmico transcurrido desde el *Big Bang* ha sido aproximadamente la que yo he ido contando año tras año; unos 13.700 millones de años. Así pues, durante todo este tiempo el universo se ha estado expandiendo a gran velocidad, creciendo constantemente. En cuanto al tamaño al que ha llegado en la actualidad, muchos astrónomos han observado, a nivel experimental, objetos cósmicos con masa considerable, situados a una distancia aproximada de hasta 33.000 millones de años luz.

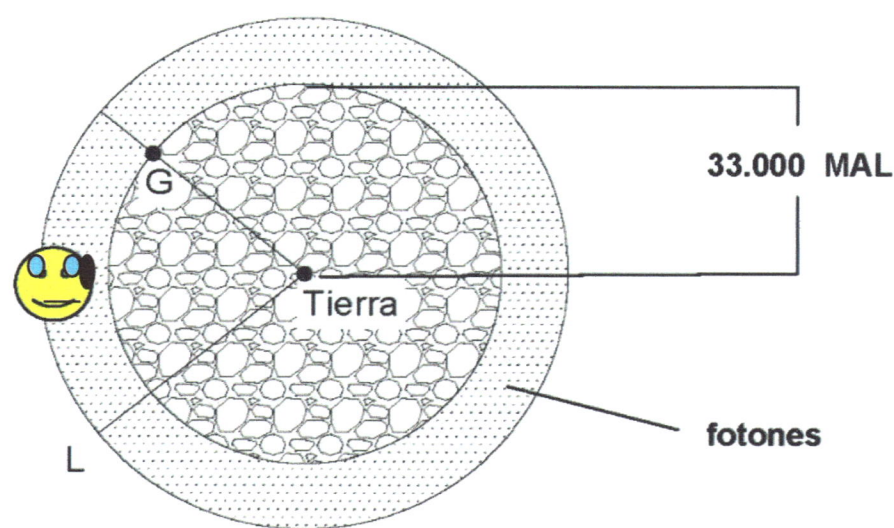

Dado que la velocidad a la que los objetos con masa se mueven dentro del universo es despreciable frente a la velocidad de la luz, esto significa que, únicamente por efecto de la expansión, ha llegado a tener como mínimo este radio de 33.000 millones de años luz (33.000 MAL). Sin embargo, mis compañeros, fotones reales, al no tener masa, viajan dentro del universo a la velocidad de la luz, que es de 1 MAL / MA. Por tanto, a lo largo de estos 13.700 millones de años, muchos de ellos han recorrido una distancia de 13.700 MAL y, así, han podido llegar hasta una distancia de 46.700 MAL. Es decir, a 13.700 millones de años luz adicionales a la distancia a que han podido llegar las partículas materiales por efectos de la expansión.

Algunos han pensado que todo lo anterior podría suponer que muchos objetos cósmicos han viajado a velocidad superior a la de la luz, que es la máxima velocidad posible en el universo. Esto no es así, pues yo he visto que la expansión del universo lo que hace es simplemente estar creando espacio entre las galaxias y esto no es, pues, una velocidad dentro del universo, sino simplemente el hecho de que el universo se expande.

En los anteriores razonamientos, también a muchos les ha parecido extraña la suposición de que la Tierra sea el centro del universo, el lugar donde ocurrió el *Big Bang* hace 13.700 millones de años. Yo sé que esto tampoco es así, ya que, en el *Big Bang*, todo lo que es ahora este universo observable estaba, tal como yo pude ver, reducido a un punto imaginario en el cosmos. Por este motivo yo sé que el *Big Bang* se produjo en aquel instante en todos los puntos actuales del universo a la vez. El fenómeno de la expansión no ha consistido, por tanto, en otra cosa que en el alejamiento constante de todos estos puntos unos de otros.

Este fenómeno de la expansión cósmica, muchos lo han conseguido entender muy bien mediante lo que llaman el símil del globo. Imaginan un hipotético universo solamente de dos dimensiones, como la superficie de un globo que se está hinchando. A partir de una geometría inicial en el momento del *Big Bang*, momento en que el globo sería un punto o una superficie esférica infinitesimal, la superficie del globo se estaría expandiendo, adoptando superficies esféricas cada vez de mayor radio conforme iría pasando el tiempo cósmico.

Esta superficie no tiene ningún centro definido dentro de ella misma y, asimismo, cualquiera de sus puntos se puede tomar como sistema de referencia, y considerar el alejamiento de los demás puntos respecto a este durante la totalidad del tiempo cósmico.

En el *Big Bang*, todos los puntos $P$ del universo se encontraban concentrados en un punto imaginario del cosmos. Ahora ocupan todo el universo. Por eso, un punto cualquiera tomado como sistema de referencia durante todo el tiempo cósmico, se ve en el centro.

## 3. Como descubrí los agujeros negros y a través de ellos pude conocer la existencia de otros universos

Cuando yo ya tenía más de $1.000$ millones de años, me fui fijando en los objetos cósmicos que ahora llamáis agujeros negros. Tuve ocasión de ir a uno de ellos y, a través de él, descubrí la existencia de otros muchos universos.

Entonces la Tierra aún no existía, pero yo estuve siempre viviendo cerca del punto en que se formó hace poco más de $4.000$ millones de años. Me decidí a visitar un agujero negro que es el que todavía existe ahora a una distancia de solamente $26.000$ años luz de la Tierra, y que se encuentra, más o menos, en el centro de la galaxia que los astrónomos llaman Vía Láctea. Cuando me fui acercando, noté con sorpresa que el agujero tiraba de mí con una gran fuerza, y que me absorbía hacia su interior. Se me estaba tragando con gran voracidad; además, no solo a mí, también a estrellas y a todo lo que se encontraba a su alrededor.

Sagitario A

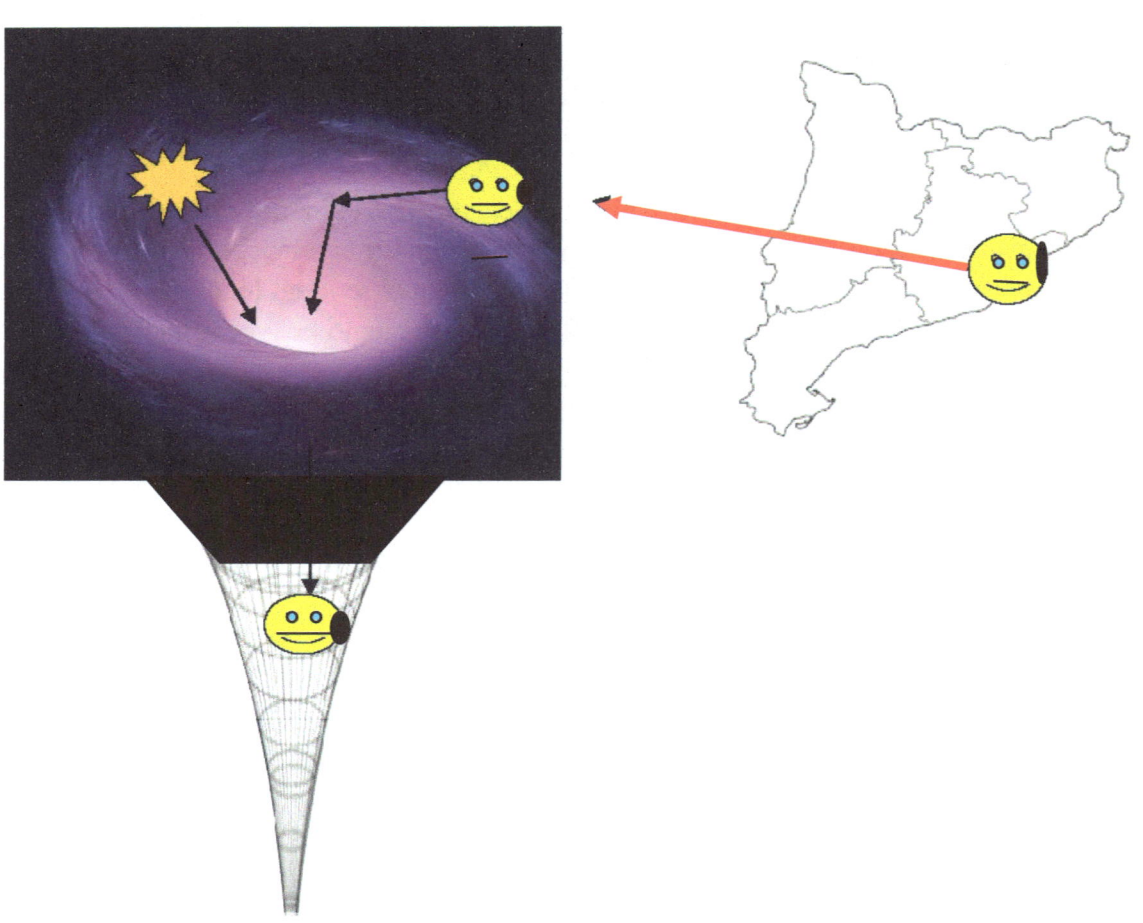

Este ha sido el momento más emocionante de mi vida. Cuando llegué al punto que ahora se llama horizonte del agujero negro, mirando hacia arriba, no era capaz de ver nada, pues de allí ni siquiera la luz podía salir; ni siquiera los fotones normales que viajan a la velocidad de la luz. Precisamente por eso los humanos normales los denominan agujeros negros, pues al no emitir luz no los pueden ver. Entonces contemplé que todo lo que absorbía el agujero se iba estirando rápidamente. Esto es lo que le ocurría a un alienígena procedente de un planeta cercano de los muchos que existen habitados, que, vestido de astronauta y paseando cerca del agujero negro, tuvo la mala suerte de caer en él. El pobre se fue estirando tanto que se convirtió en una especie de espagueti y, cuando yo ya no veía de él más que una línea, acabó por desaparecer.

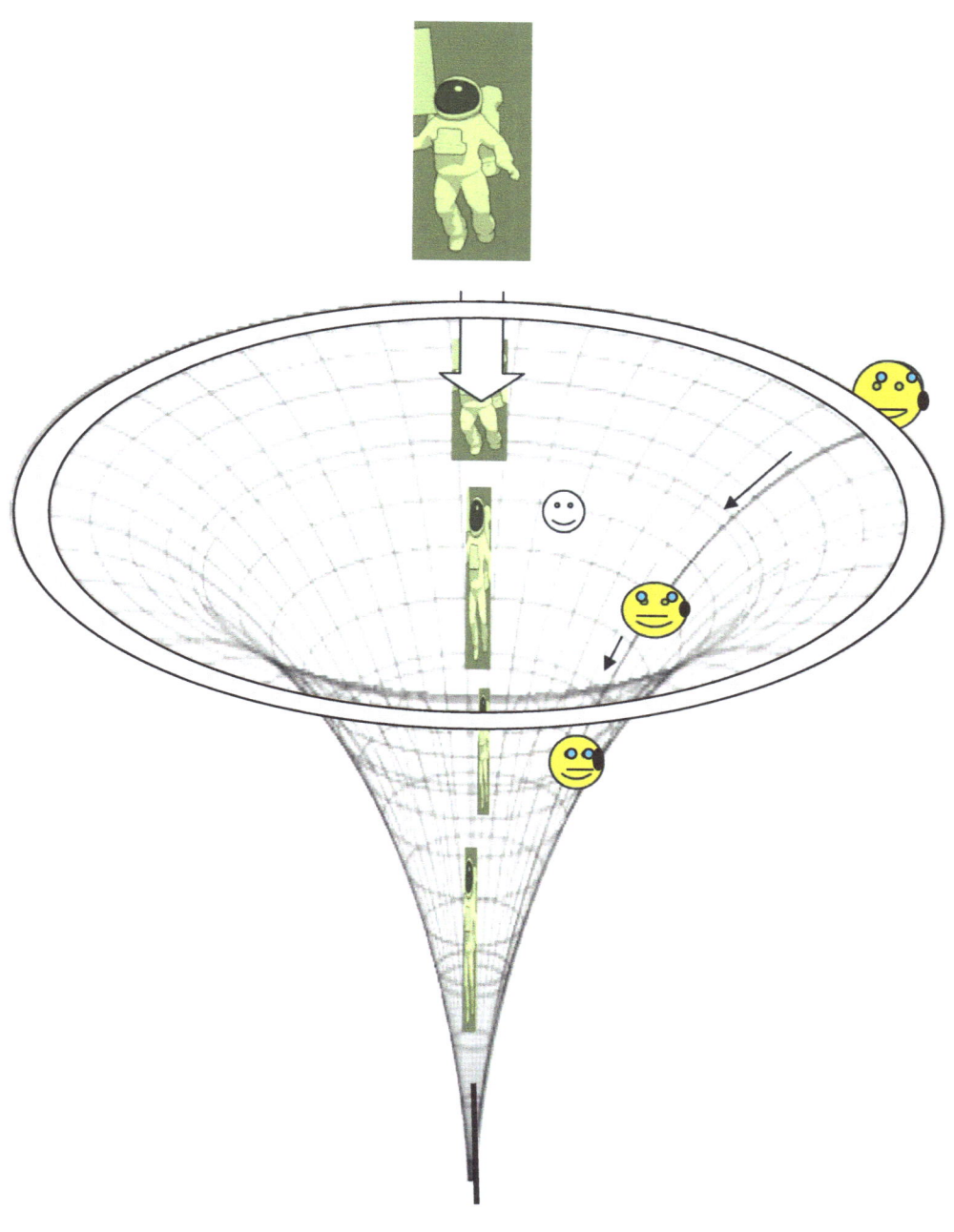

Conforme fui avanzando todo se destruía, pero al ser yo indestructible conseguí llegar al centro del agujero negro. En este momento, no me encontraba en nuestro universo, sino que me había sumergido en un superespacio donde ni tan siquiera existían ni el espacio ni el tiempo. Por lo distinto que es a lo que vosotros los normales conocéis, ahora algunos sabios le llaman la singularidad. En la misma, muchas de las propiedades y características de cosas que conocemos dejan de existir. En caso contrario tomarían un valor infinito, y yo, que lo puedo ver todo, sé muy bien que nada es infinito. Ahora comprendo que el valor infinito es un concepto que solamente existe en el ámbito abstracto de las matemáticas.

Cuando llegué al centro del agujero negro, me quedé totalmente alucinado; divisé los caminos que ahora algunos sabios denominan agujeros de gusano y los representan según esta imagen.

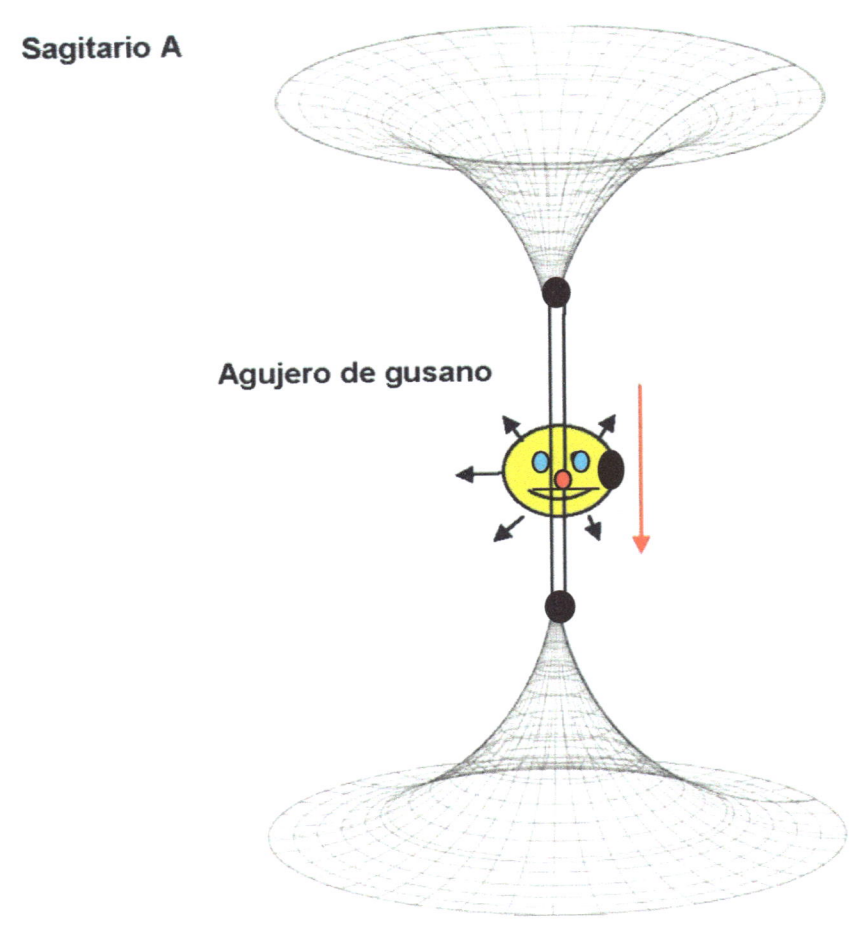

**Sagitario A**

**Agujero de gusano**

**Otros universos**                                    **19.** Pixabay D.P.

Puesto que en aquel lugar el tiempo no transcurría, podía desplazarme instantáneamente a través de ellos. Pronto me di cuenta de que, de esta manera, podía llegar al centro de todos los agujeros negros que existen y, después de atravesarlos en sentido inverso, acceder a todas las galaxias.

Pero no fue esta mi mayor sorpresa; lo más emocionante consistió en alcanzar muchos otros universos, pues todos ellos se encontraban conectados en la singularidad. Así es como he conocido y visitado lo que nunca habéis visto; lo que algunos llaman el multiverso.

De entrada nunca entendí nada de lo que observé. Ahora ya lo entiendo un poco porque me lo contó nada menos que mi amigo Albert Einstein.

Su teoría de la relatividad general demuestra que el concepto de tiempo es relativo, de tal manera que, entre otras cosas, se ralentiza cuando se entra en un campo gravitatorio.

El tiempo se ralentiza conforme se entra en un campo gravitatorio

En el momento del *Big Bang*, toda la masa del universo concentrada en un punto debía producir un campo gravitatorio de tal intensidad que el tiempo estaba parado. En realidad se encontraba indeterminado, de tal manera que se puede pensar que no existía - tiempo imaginario -.

Actualmente, muchos normales sabios, basándose en el principio universal de no unicidad de eventos, el cual dice que cualquier cosa que ocurre ha ocurrido muchas otras veces, han llegado a imaginarse que en este tiempo imaginario se debían formar muchos universos parecidos al nuestro o completamente diferentes. Son los que hoy día algunos sabios denominan los universos paralelos integrantes del multiverso. La verdad es que lo imaginan muy bien, pues, tal como ya os he comentado, estos universos se encuentran conviviendo de manera totalmente independiente, sin existir ninguna conexión real entre ellos y nosotros. Están conectados únicamente en los puntos del superespacio donde acaecieron los diferentes *Big Bang* que motivaron su generación.

En la teoría general de la relatividad, Einstein sostiene que estos puntos pertenecen a una singularidad. Son puntos en los que muchos parámetros propios tienden al infinito y en ellos no existe ni espacio ni tiempo; el espacio porque se ha contraído hasta desaparecer, y el tiempo debido a que ha transcurrido cada vez más despacio hasta detenerse.

Así pues, en la singularidad se encuentran conectados todos los universos paralelos que existen y todos los agujeros negros de nuestro universo observable. Por este motivo, me son de gran utilidad cuando quiero llegar antes a cualquier galaxia. Me basta acercarme al agujero negro más cercano y, después de dejarme arrastrar, seguir instantáneamente los atajos que constituyen los agujeros de gusano, que al momento me conducen a cualquier galaxia e incluso a los otros universos.

El agujero negro por el que acostumbro a entrar cuando quiero visitar galaxias distantes, ahora es conocido por los sabios astrónomos. Lo llaman Sagitario A* y es, tal como os he dicho, el agujero negro del centro de nuestra galaxia, que se encuentra a unos 26.000 años luz de distancia. No es el único de nuestra galaxia, pues existe incluso otro mucho más cercano que se halla en un sistema estelar situado a tan solo 1000 años luz de la Tierra, en la constelación "Telescopium".

Más tarde he comprobado en múltiples ocasiones que casi todas las galaxias contienen por lo menos un agujero negro, muchos de ellos de un tamaño exorbitante.

## Cosmet viajando a una galaxia muy distante después de dejarse arrastrar

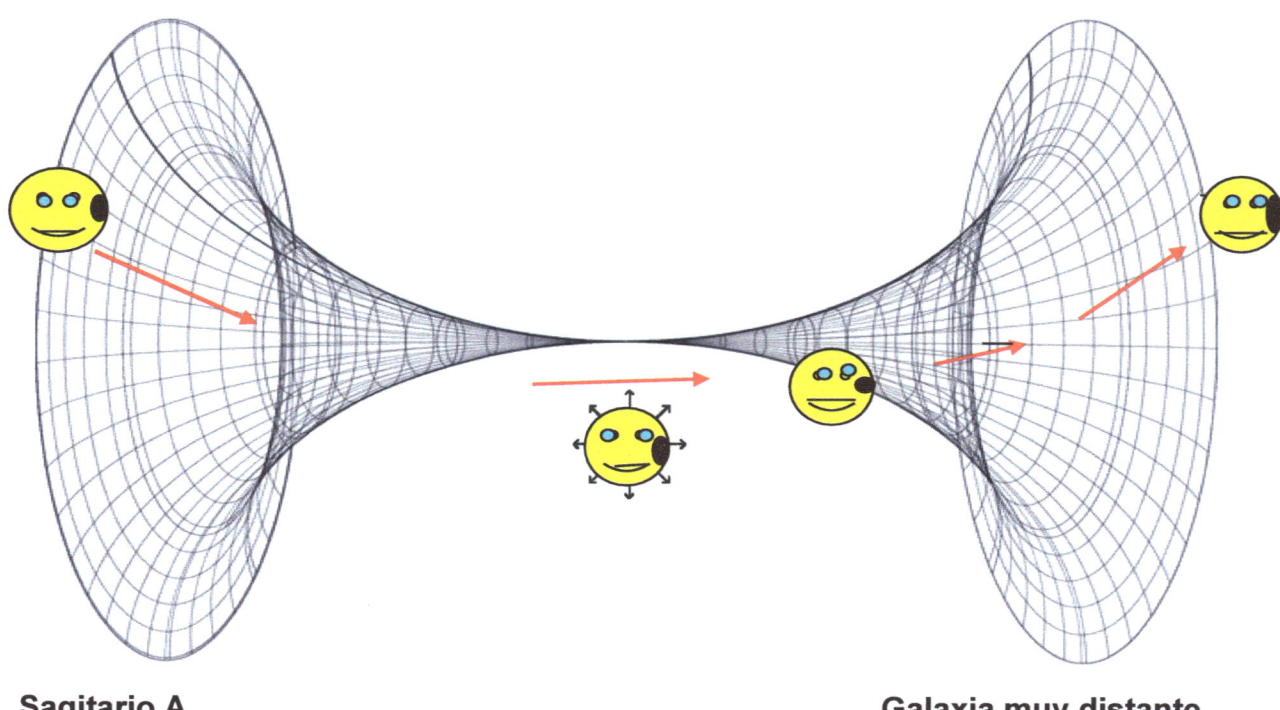

Sagitario A.                                                    Galaxia muy distante

El hecho de que existan tantos universos y que otros se estén creando constantemente, podría ser una explicación de la propia existencia del nuestro. A los humanos normales os parece algo insólito que exista. Efectivamente, eso ha requerido que muchos parámetros o constantes universales tengan un determinado y muy preciso valor, de tal manera que una leve desviación de este en cualquiera de ellos habría hecho imposible su existencia.

Lo que ocurrió es lo que los sabios han llamado un ajuste fino de todos los parámetros, de tal modo que si no fuera porque veis que existimos, os parecería imposible. Una justificación de la existencia de nuestro universo podría ser, pues, que en una cantidad exorbitante de puntos del cosmos se hubieran producido y se estén dando fenómenos parecidos al *Big Bang*, con infinidad de parámetros cómo los que conocemos y otros que no. Dada la ínfima probabilidad de producirse el ajuste fino, nuestro universo debe existir, únicamente, por el hecho de haberse generado un número desmesurado de ellos. La inmensa mayoría de estos universos debe haber desaparecido en el mismo momento de su aparición. Sin embargo, existe una minúscula proporción de ellos, uno de los cuales es el nuestro.

En mis viajes a galaxias lejanas a través de los agujeros negros he descubierto también muchos seres extraterrestres. Ya os he relatado cómo en mi primer viaje por uno de estos agujeros me topé con un ser extraterrestre parecido a nosotros procedente de un planeta cercano. Iba vestido de astronauta y, paseando cerca del agujero negro, el pobre tuvo la mala suerte de ser engullido por él. Supe entonces que existían seres extraterrestres

En los viajes por el universo que he realizado a partir de aquel momento, he tenido ocasión de visitar unas 10.000.000.000.000.000.000.000.000 estrellas. Igual que nuestro Sol, la mayor parte de ellas tenían planetas orbitando a su alrededor; incluso he visto muchos de ellos que tenían agua y una temperatura adecuada para la existencia de vida. Allí, comprobé que en algunos había seres vivos de todo tipo, casi siempre muy distintos a los que existen o han existido en la Tierra. En cambio, otros sí tenían cierto parecido con algunos de estos.

Pude observar también que algunos de ellos se asemejaban un poco a los animales normales de aquí y llegué a conocer algunos muy inteligentes, incluso uno de ellos parecido a nuestros perros.

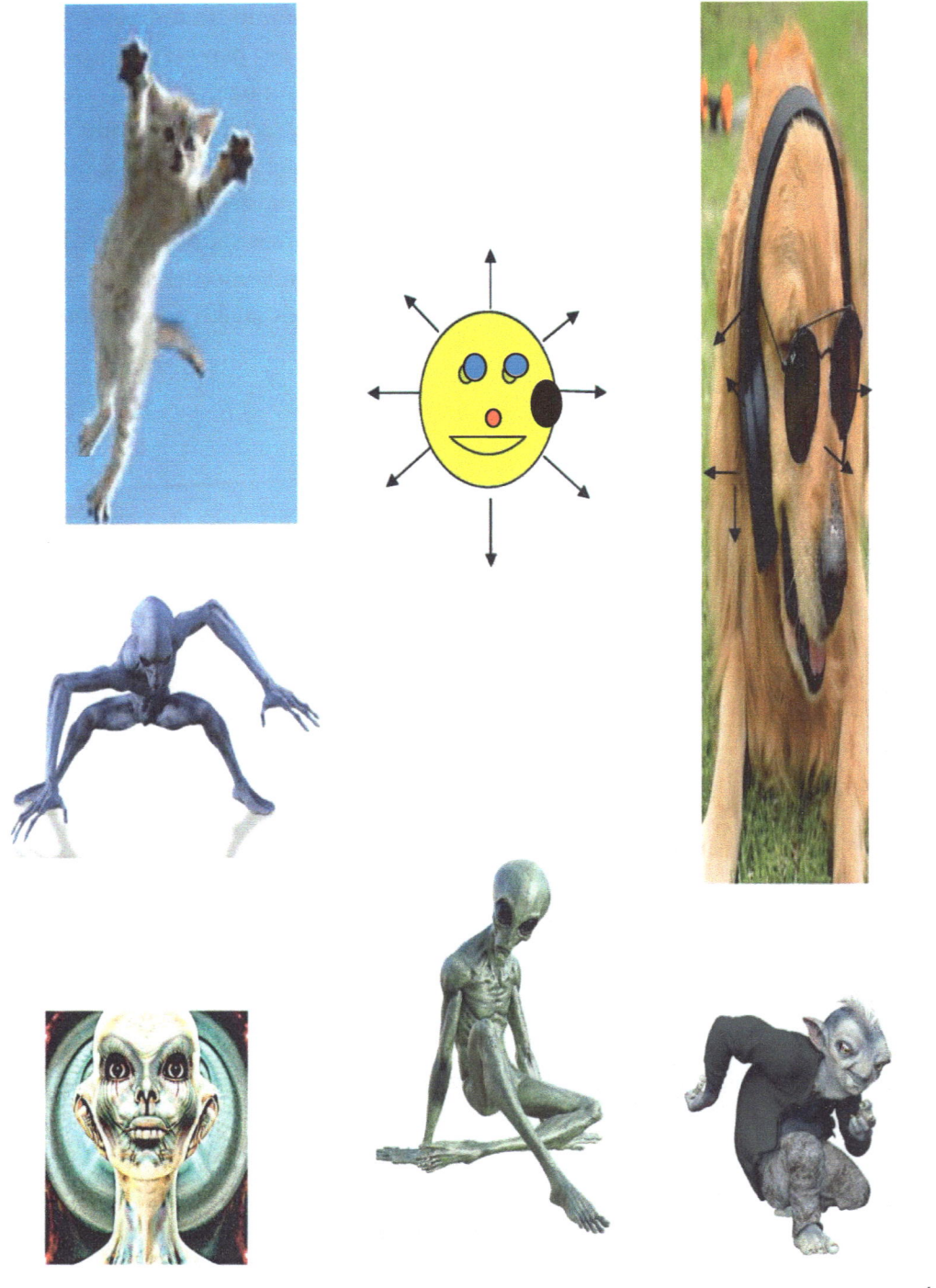

Imágenes de Puixabay / Álbum

Tampoco es que los haya conocido demasiado bien, pues me fue imposible comunicarme con ellos. Lógicamente, no hablaban ninguno de los idiomas de la Tierra y, por otra parte, en ningún momento dejé mi forma de partícula cuántica. Aquí hay muchos humanos normales que creen en la existencia de alienígenas. Incluso algunos han imaginado cómo deben ser y los han recreado en curiosos maniquíes que exhiben en museos como, por ejemplo, el llamado Museo Roswell que se encuentra en Nuevo México, en el que recientemente he estado.

También muchos humanos normales no creen siquiera en su existencia. De hecho, no habéis hallado ninguno, pues en los sistemas planetarios de las estrellas que se encuentran por aquí cerca no hay ninguno habitable. Los que creéis en su existencia estáis en lo cierto. Si en el único sistema planetario que conocéis bien ya existe por lo menos un planeta con vida inteligente, ¿cómo no existirá en alguno de los otros muchos cuatrillones de planetas?

Lo que sí es cierto es que no se encuentran cerca de nosotros. El universo está lleno de ellos y se encuentran en casi todas las galaxias, pero los más cercanos que yo he visitado en nuestra propia galaxia se localizan a más de 10.000 años luz. Sé que algunos de vosotros habéis divisado lo que os ha parecido, objetos volantes procedentes de otros planetas y que, además, tenéis mucho miedo de que algún día los alienígenas invadan la Tierra.

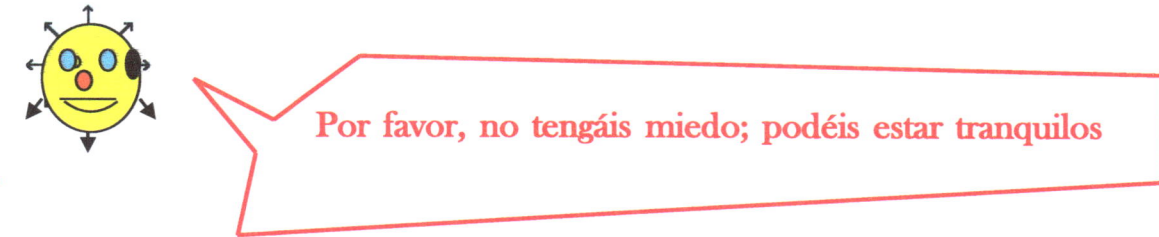

Por favor, no tengáis miedo; podéis estar tranquilos

Todos sabéis que nada que no sea yo mismo puede viajar a una velocidad mayor que la de la luz, que es de 300.000 Km / seg. , equivalente a un año luz por año. Esto significa que nuestros homólogos alienígenas más cercanos tardarían mucho más de 10.000 años en llegar. Además, si viajaran a esta velocidad, serían partículas sin masa como los fotones y poco daño os podrían ocasionar. En el caso de tratarse de seres extraterrestres con masa igual a la nuestra, tardarían muchos miles de millones de años en presentarse aquí.

Bien, ya está finalizado nuestro primer día de confinamiento en las montañas.

Muchas gracias a todos por vuestra atención

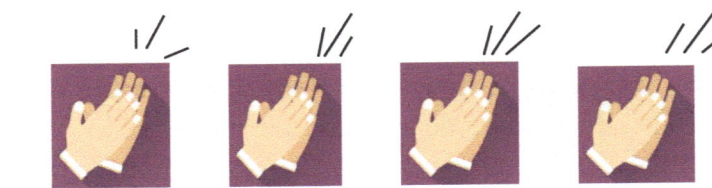

**Aplausos**

No, no; yo no merezco ningún aplauso, pues me estoy limitando a contaros lo que he visto y lo que los sabios me han explicado. A ellos les remito vuestro aplauso, pues son los que realmente lo merecen

# LOS CINCO VOLÚMENES DE LA COLECCIÓN

# I. YO SOY COSMET. PERMITIDME QUE ME PRESENTE

## Primer dia de confinamiento

1. Yo soy Cosmet.

2. Cómo yo veo ahora el cosmos y el universo en el que vivimos.

3. Cómo descubrí los agujeros negros ya través de ellos conocí la existencia de otros universos. Mis primeros tres minutos de vida. Poco más tarde empecé a ver estrellas.

# II

# MIS TRES PRIMEROS MINUTOS DE VIDA Y TODO LO QUE FUI VIENDO

## Segundo día de confinamiento

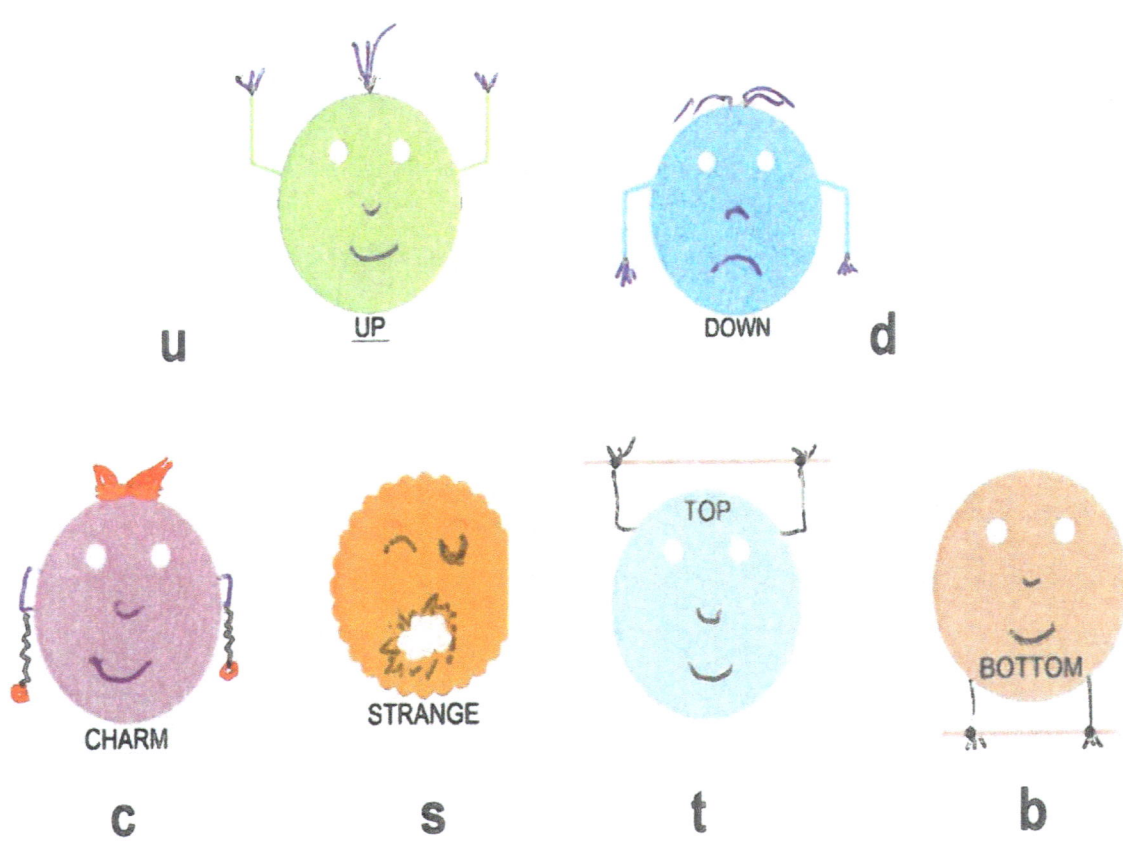

4. El momento en que nací como partícula cuántica y como casi en el mismo instante vi que iban naciendo las partículas elementales.

5. Mis primeros tres minutos de vida y cómo vi que se formaban los protones, los neutrones y los núcleos atómicos.

# Tercer día de confinamiento

6. Todo lo que he podido ir viendo desde que cumplí los tres minutos de edad, mientras el universo se ha ido expansionando, enfriando y desordenando.

Como he visto que las estrellas se agrupaban entre sí formando cúmulos estelares y galaxias Otras cosas que fui viendo.

7. El contenido del universo.

8. Descubriendo partículas en los rayos cósmicos y en los aceleradores.

# III

# MIS GRANDES SORPRESAS. TODO ES ENERGÍA. GRANDES OBJETOS CÓSMICOS QUE FUI VISITANDO

## Cuarto día de confinamiento. Mis grandes sorpresas

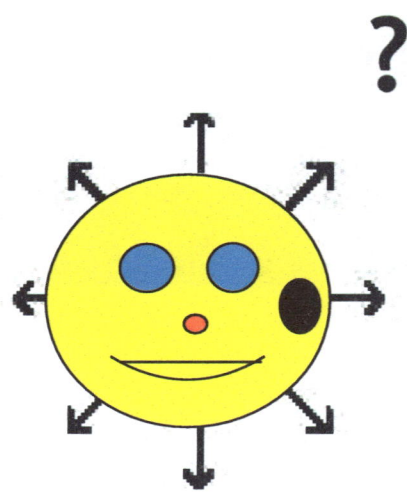

9. Mis grandes sorpresas. El cuento del espacio y el tiempo que nunca entendí hasta que conocí al señor Hendrik Lorentz y poco más tarde, en 1905, el señor Albert Einstein.

10. Más sorpresas; la forma del universo tal y como lo ve y como yo lo he podido ver cuando en mis viajes me he ido situando en diferentes galaxias. El cuento del globo y el de la curvatura del universo.

11. Como yo he visto siempre que todo se mueve.

# Día cinco de confinamiento.  Todo es energía

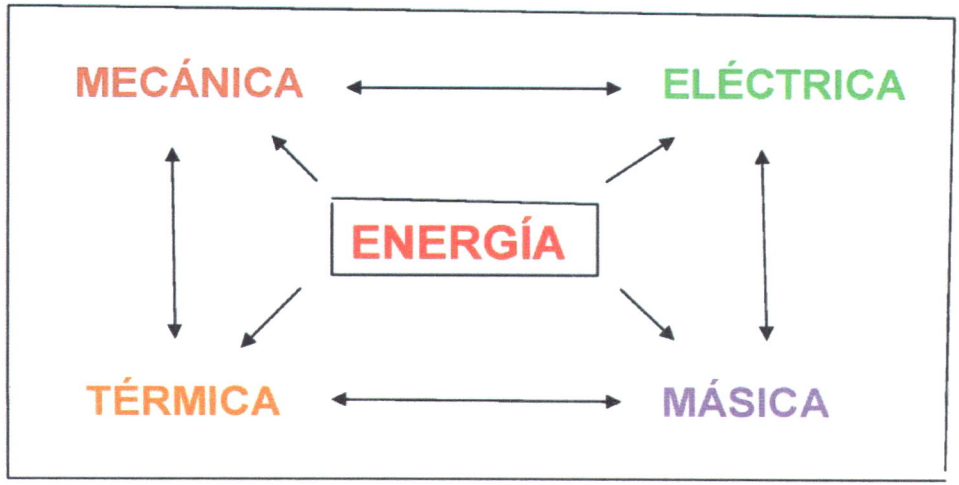

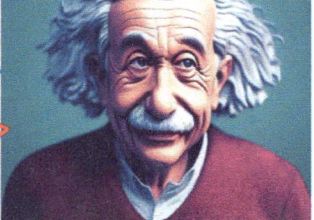

Todo lo que existe no es más que energía

12. Qué era y qué es realmente todo lo que he podido ver y, como al final, he llegado a saber que es simplemente lo que llaman energía.

13. El cuento de la energía.

14. El cuento de la entropía. Como he visto que, a medida que pasa el tiempo, todo está más desordenado y el universo pasa a ser menos simétrico.

# Sexto día de confinamiento. Grandes objetos cósmicos que fui visitando

15. Cómo he ido viendo a las estrellas durante toda mi vida.

16. El cuento de las masas que desaparecen y lo que me contaron otros sabios sobre el raro comportamiento de las estrellas.

17. Como he visto que las estrellas se agrupaban entre sí formando cúmulos estelares y galaxias.

# IV

# MIS VIAJES POR EL UNIVERSO

## Séptimo día de confinamiento

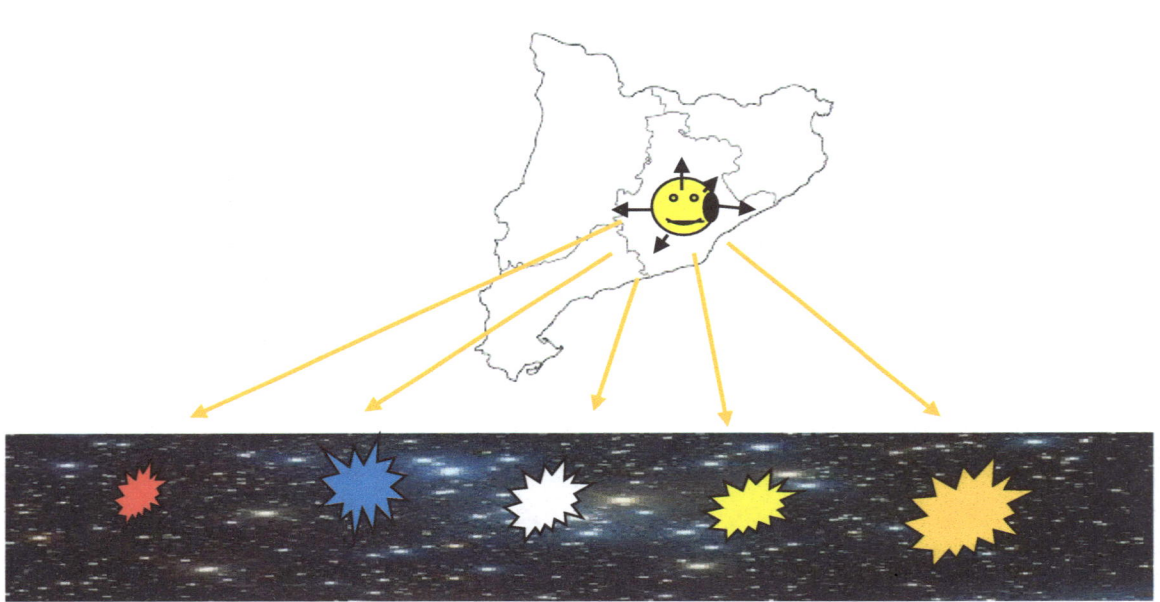

18. El cuento de las constelaciones y el atlas de los viajes de Cosmet.

19. Mis viajes al Sol ya los planetas.

20. Mis viajes por nuestra galaxia, la Vía Láctea.

# Octavo día de confinamiento

## Cosmet viajando por los agujeros de gusano

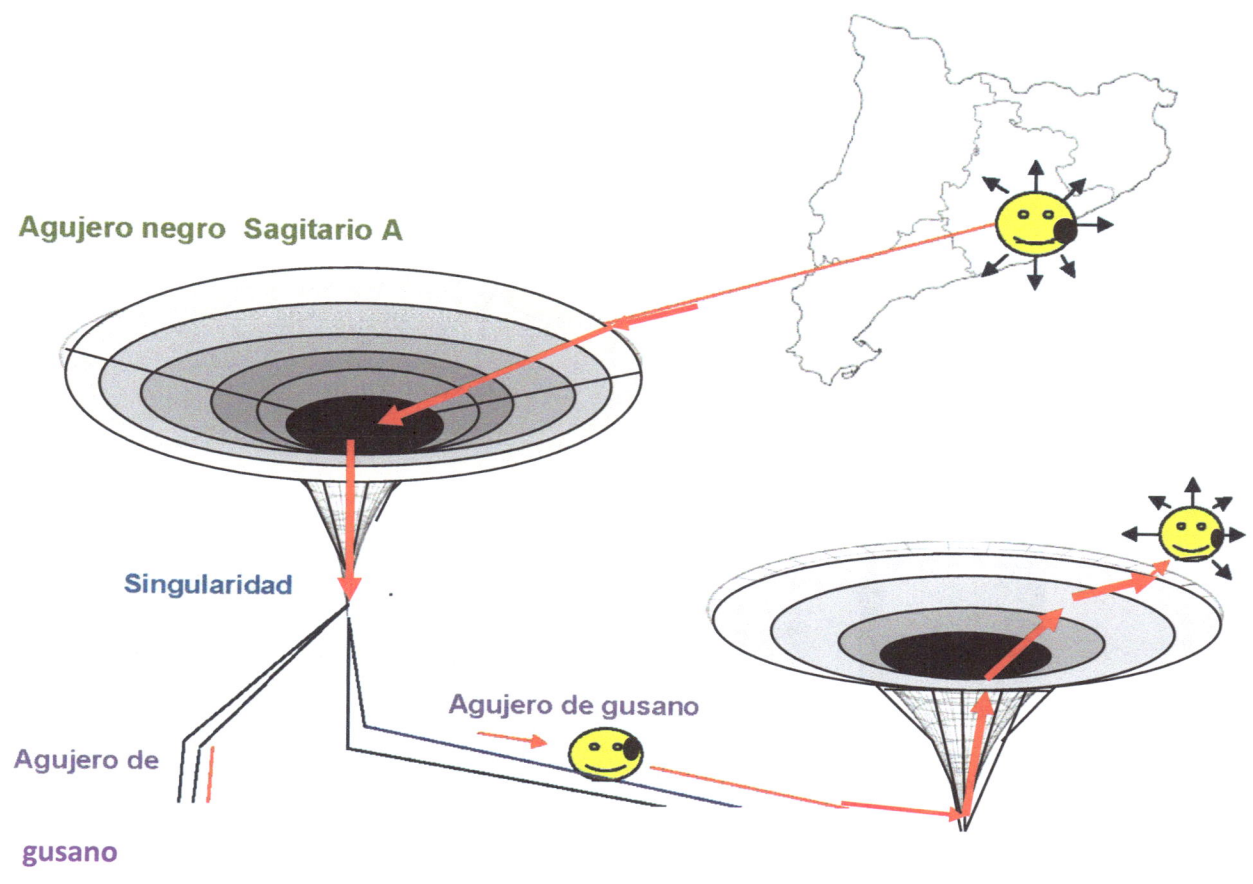

21. Todo lo que he visto sin desplazarme a más de una distancia de 250 millones de años luz.

22. Todo lo demás que he podido ver y visitar.

# V

# COSMET YA VIVE EN LA TIERRA Y VISITA A LOS SABIOS

## Día nueve de confinamiento

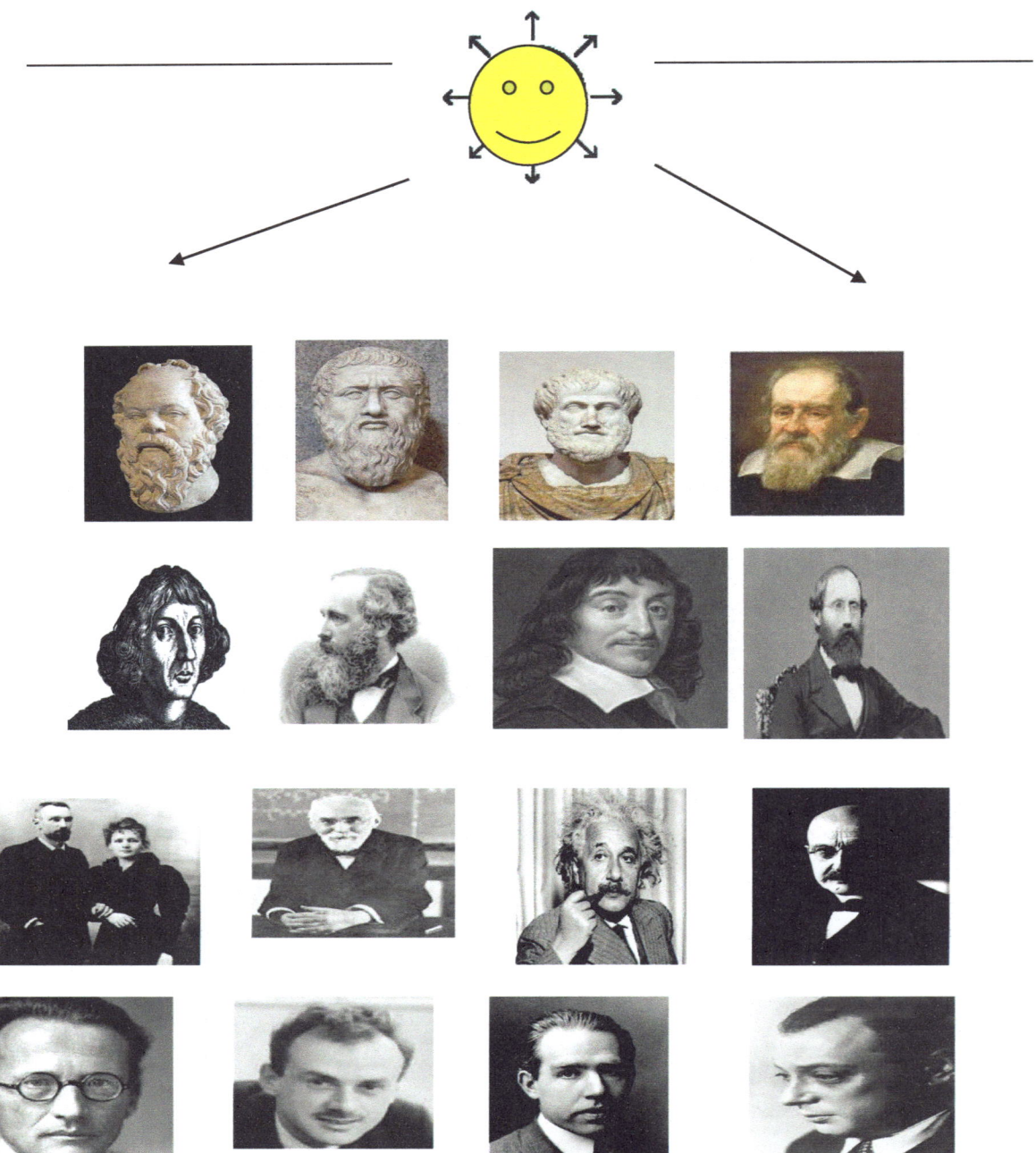

**23.** Mis viajes por la Tierra ya en mi forma humana, en el período de tiempo transcurrido desde que empecé a viajar hace 2.500 años, hasta los últimos 500 años de mi vida. Conversaciones con los sabios griegos, con otros sabios y cómo empecé a aprender algo de matemáticas.

**24.** Mis contactos con los señores Kepler, Galileo y Giordano Bruno.

**25.** Todo lo que me contó el señor Isaac Newton.

Galileo        Newton

**26.** Mis visitas a los físicos que fueron descubriendo las propiedades eléctricas y el electromagnetismo y lo que más tarde me enseñaron sobre las fuerzas electromagnéticas.

Maxwell

# Décimo día de confinamiento. Cómo logré aprender más matemáticas

**27.** Mis viajes por la Tierra en los que seguí aprendiendo las matemáticas. Entre otros muchos conocí al señor Descartes y al señor Wessel que me explicó que son los números imaginarios. Más tarde otros sabios me iniciaron en el juego de los índices que suben y bajan y en el juego del lagrangiano

**28.** Las nuevas matemáticas que me enseñaron los señores Antonio Ricci, Riemann, Christoffel y otros. El juego de los índices que suben y bajan.

## Día once de confinamiento. Mis visitas a los sabios durante los últimos ciento cincuenta años

**29.** Hasta el año 1930, seguí con mucho interés cómo los sabios iban descubriendo la estructura del átomo.

J.J. Thomson

Lord Rutherford

Pierre y Marie Curie

**30.** Los señores Edwin Hubble y algo más tarde el señor Alexander Friedmann me explicaron la expansión del universo.

Edwin Hubble          Alexander Friedmann

**31.** Mis visitas al señor Albert Einstein en 1910 y 1915.

**32.** Pocos años más tarde visité otros sabios que elaboraban distintas derivaciones de la teoría de la relatividad.

**33.** El propio Albert Einstein y otros sabios me explican evidencias experimentales de la teoría de la relatividad.

Albert  Einstein

# MIS VISITAS A LOS SABIOS DE LA FÍSICA CUÁNTICA

**Días doce de confinamiento. La realidad cuántica**

34. Mi visita al señor Max Planck el año 1900.

35. Mis visitas al señor Max Born y al señor Werner Heisenberg.

36. Mi visita al señor Erwin Schrodinger. Me explicó lo que llamaba la función de onda y la realidad cuántica de nuestro universo.

Max Planck

De Broglie

Max Born

Heisenberg

Schrodinger

# Día trece de confinamiento. Me explican las teorías de campos cuánticos

37.  Mis visitas al señor Paul Dirac y a muchos otros sabios que me explicaron las teorías cuánticas de campos.

Paul Dirac

38. Otros sabios me explican más cosas sobre las teorías cuánticas de campos y lo que llaman la electrodinámica cuántica.

39.  Mis visitas a los sabios de las teorías cuánticas a partir del año 1940.

40.  Cómo me he ido enterando de que son mis amigas bosónicas las responsables del comportamiento del universo. Me explican las fuerzas fundamentales que actúan solamente en los núcleos atómicos.

Pauli          Fermi          Gell Mann

# MIS ÚLTIMAS VISITAS A ASTRÓNOMOS Y SABIOS DE LA COSMOLOGÍA

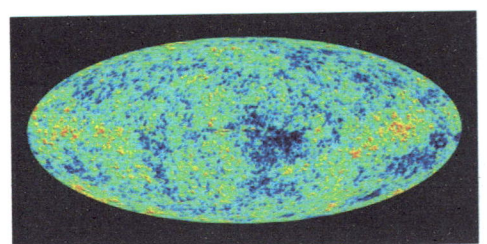

George Gamow

Roger Penrose

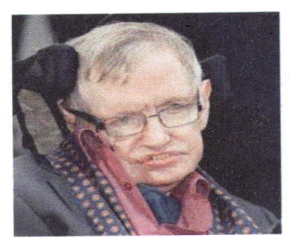

Steven Hawking

## Día catorce de confinamiento

42. El cuento del fondo de microondas.

43. A partir del año 1970 tuve ocasión de hablar con muchos más astrónomos y sabios de la cosmología.

44. Acompañando a los humanos en las misiones espaciales y en otras investigaciones.

45. Mis conversaciones con el señor Roger Penrose y el señor Stephen Hawking.

46. Últimamente, se han puesto de moda otros muchos cuentos.

# EL ATLAS DE LOS VIAJES DE COSMET

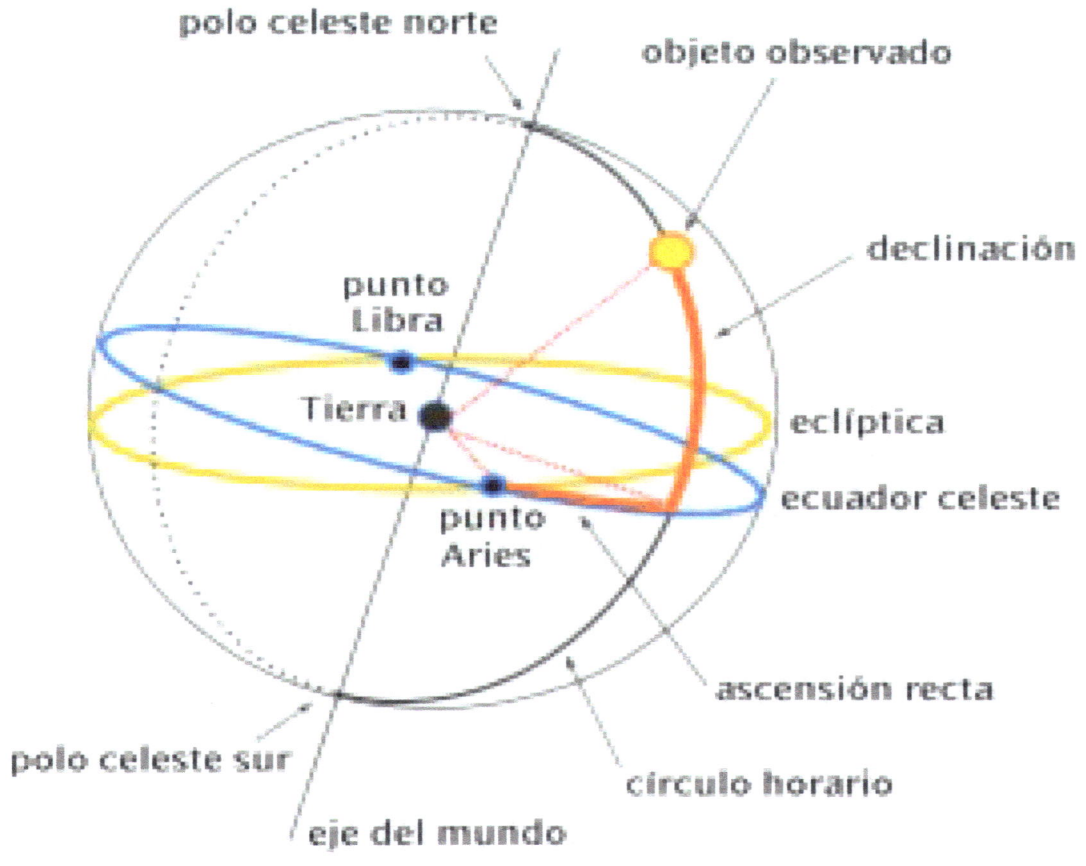

Los 88 viajes por el universo que he realizado en las diferentes estaciones del año, y cómo mi amigo, el ingeniero, ha representado en una especie de atlas todo lo que he ido encontrando

# EL LIBRO

«Las aventuras de Cosmet explicadas por él mismo» es una obra singular que entrelaza la narrativa fantástica con la divulgación científica. A través de los ojos de Cosmet, un ser cuántico de 13.700 millones de años, Eduard Alabern Valentí ofrece un viaje apasionante por el universo, sus misterios y las grandes teorías científicas que lo explican. La originalidad de Cosmet reside en su capacidad para viajar a velocidades superiores a la luz y su habilidad para transformarse y explorar distintas realidades, desde la formación de los átomos hasta encuentros con figuras históricas de la ciencia.

Se trata de una fusión entre la rigurosidad del conocimiento científico y la accesibilidad del relato narrativo. Al sumergirnos en las aventuras de Cosmet, el lector no solo se deleita con historias que bordean lo fantástico, sino que también se educa sobre conceptos complejos de la física cuántica, la teoría de la relatividad y la cosmología de una manera digerible y entretenida.

La comparación con otros trabajos de divulgación científica revela un enfoque más personalizado y creativo en "Las aventuras de Cosmet", destacándose por su enfoque narrativo único que mezcla lo educativo con lo imaginativo.

"Las aventuras de Cosmet" es un testimonio de la fascinación humana por el cosmos, invitando a la reflexión sobre nuestra existencia y conocimiento del universo. En resumen, es una obra que desafía los límites de nuestra comprensión, a la vez que entretiene e informa.

La presente edición de las aventuras de Cosmet, « Las aventuras de Cosmet explicadas a los más jóvenes », es una síntesis de la obra completa « Las aventuras de Cosmet explicadas por él mismo », en la que se ha prescindido de muchos tecnicismos, fórmulas y desarrollos matemáticos, con la intención de hacerla comprensible a todos. La intención es que pueda ser asequible, como refuerzo, a todos los elementos de una familia que se encuentren en edad de formación escolar. Hasta los trece años, simplemente leyendo los textos de las viñetas. También, en general, recomendado a todas las personas interesadas en el conocimiento del universo.

## Cosmet visita
## a los sabios

Cosmet, que ya ha cumplido los 13.700 millones de años, ha viajado por todo el universo y nos cuenta todas las cosas que han ido ocurriendo durante su larga vida. Nunca consiguió entender por qué sucedían, hasta que en los últimos 2.500 años, ha ido conociendo a los humanos más sabios que se lo han ido explicando.

*Una obra de divulgación para conocer el universo a partir de un gran viaje per la historia del pensamiento científico*